触摸感应技术及其应用

——基于 CapSense

翁小平　编著

北京航空航天大学出版社

内 容 简 介

从原理性和实用性出发，介绍了一般的触摸感应技术和赛普拉斯半导体公司基于 CapSense 模块的触摸感应技术。内容主要包括触摸感应技术概述，触摸感应技术的类型，CapSense 触摸感应技术，触摸按键、滑条、触摸板和触摸屏，触摸感应项目开发的流程和调试技术，触摸感应的低功耗应用，触摸感应的噪声缩减和抗干扰，电容感应触摸屏和多触点检测技术，用动态重配置实施 CapSense Plus 以及用 PSoC Express 实施触摸感应按键和滑条等。

本书适合对触摸感应技术感兴趣的读者和从事触摸感应应用开发的设计工程师阅读，也可作为大学电子技术相关专业高年级学生的参考书。

图书在版编目(CIP)数据

触摸感应技术及其应用：基于 CapSense/翁小平编著．—北京：北京航空航天大学出版社，2010.1
ISBN 978-7-81124-997-2

Ⅰ.①触… Ⅱ.①翁… Ⅲ.①触摸屏—基本知识
Ⅳ.①TP334.1

中国版本图书馆 CIP 数据核字(2010)第 004627 号

© 2010，北京航空航天大学出版社，版权所有。
未经本书出版者书面许可，任何单位和个人不得以任何形式或手段复制本书内容。
侵权必究。

触摸感应技术及其应用——基于 CapSense

翁小平　编著

责任编辑　杨　昕　刘爱萍

*

北京航空航天大学出版社出版发行

北京市海淀区学院路 37 号(100191)　发行部电话：010-82317024　传真：010-82328026
http://www.buaapress.com.cn　E-mail:emsbook@gmail.com
涿州市新华印刷有限公司印装　各地书店经销

*

开本：787×960　1/16　印张：14.75　字数：330 千字
2010 年 1 月第 1 版　2010 年 1 月第 1 次印刷　印数：4 000 册
ISBN 978-7-81124-997-2　定价：25.00 元

前　言

包含触摸感应技术的产品已经越来越多地进入到人们的生活当中。从带触摸按键或触摸屏的手机，到作为标配的笔记本计算机的触摸板和马路边自动取款机上的触摸屏等，带触摸感应功能的产品已经随处可见。触摸感应技术颠覆了传统的机械按键和电位器的概念，为人们带来了快捷、方便和时尚。触摸感应技术，尤其是触摸屏技术的出现使人机交互的方式产生了革命性的变化，使人们体验到了更容易、更神奇的人机交互方式。触摸屏技术在软件的配合下可以随着 LCD 显示内容的变化而实现无数的按键和滑条的功能，在许多使用触摸感应技术的产品中，机械的按键和电位器几乎完全被替代掉。而具有多触点和手势识别功能的触摸屏的出现，使触摸感应技术的发展进入到一个新阶段。

触摸感应技术涵概的内容非常广泛，触摸感应实现的原理也各种各样。从原理上来讲，有基于电阻变化的触摸感应技术，有基于电容变化的触摸感应技术，也有基于声波的触摸感应技术和基于红外线的触摸感应技术等。各种触摸感应技术有其各自的特点和应用场合。其中，基于电容变化的触摸感应技术具有结构简单、稳定性好、灵敏度高等特点。在以前，由于控制电路相对复杂，成本比较高使其应用相对较少。最近几年，由于集成电路技术的飞速发展，使得基于电容变化的触摸感应技术也获得了飞速发展，这种技术也变得越来越成熟。基于电容变化的触摸感应技术不仅可以实现触摸按键、触摸滑条，还可以实现触摸板和触摸屏功能。具有多触点和手势识别功能的触摸屏就是使用基于电容变化的触摸感应技术来实现的。

赛普拉斯(Cypress)半导体公司的 CapSense 触摸感应技术是基于电容变化的触摸感应技术。它通过在 PSoC 芯片上所构建的 CapSense 模块来实现触摸感应的应用。CapSense 依靠 PSoC 芯片所具有的丰富的数字资源、模拟资源和 MCU 资源以及它的数字与模拟资源可配置的强大功能，使 CapSense 触摸感应技术不仅具有好的触摸感应性能，而且外围元件少，可支持的触摸感应器的数目多，在实现触摸感应功能的同时也可以实施其他的 MCU 应用功能(称之为 CapSense Plus)。同时，它有多个构造(CSD、CSA 和 CSR)可以选择，多种开发方式可以选择。可选的开发方式包括基于 PSoC Designer 开发平台的开发方式、基于 PSoC Express 开发平台的开发方式及基于 CapSense Express 开发平台的开发方式，可以满足不同的产品应用和不同层次用户的各种触摸感应应用的需求。

本书介绍了一般的触摸感应技术，重点讨论了 CapSense 触摸感应技术。从多个方面和多

触摸感应技术及其应用——基于CapSense

个角度对CapSense触摸感应技术进行介绍。首先,希望通过本书能使读者对触摸感应技术有一个总体的认知,对CapSense触摸感应技术有一个比较全面的了解;其次,希望读者了解这一技术的同时,能够掌握这一技术的软、硬件开发与调试方法和技巧。本书适合对触摸感应技术感兴趣的读者和从事触摸感应应用开发的设计工程师阅读,也可作为大学电子技术相关专业高年级学生的参考书。

本书的第1章、第2章和第4章介绍一般的触摸感应技术,包括触摸感应技术的概述、触摸感应技术的类型及触摸按键、滑条、触摸板和触摸屏。其余7章介绍基于CapSense的触摸感应技术及其应用。

感谢李石磊先生和北京航空航天大学出版社的策划,在写作过程中给予了许多宝贵的意见,使本书得以脱稿问世。也感谢我的同事秦政和李广海为本书提供了有价值的素材;胡敏华、柳玉仙、赵向阳帮助绘制了部分插图。由于编者的水平有限,错误和不妥之处难免,敬请读者批评指正。有兴趣的读者可以发送邮件到WXP@cypress.com,与作者进一步交流;也可发送邮件到buaffy@sina.com,与本书策划编辑进行交流。

编著者
2009年9月

目　录

第1章　触摸感应技术概述 ··· 1

第2章　触摸感应技术的类型 ··· 4
  2.1　基于电阻型触摸感应技术 ·· 4
  2.2　基于电容型触摸感应技术 ·· 8
    2.2.1　电场变化触摸感应技术 ··· 8
    2.2.2　充电传输触摸感应技术 ··· 15
    2.2.3　松弛振荡器触摸感应技术 ··· 16

第3章　CapSense 触摸感应技术 ··· 19
  3.1　PSoC 基础 ··· 19
    3.1.1　PSoC 的功能框图 ··· 19
    3.1.2　PSoC 的数字模块 ··· 21
    3.1.3　PSoC 的模拟模块 ··· 23
    3.1.4　PSoC 功能模块的构造 ·· 26
  3.2　CapSense 电容感应的基本概念 ··· 27
    3.2.1　电容的物理基础 ··· 27
    3.2.2　触摸应用人体的电容模型 ·· 28
    3.2.3　开关电容及等效电阻 ·· 29
  3.3　CapSense CSD 触摸感应模块 ··· 30
    3.3.1　CSD 模块的硬件构造 ·· 30
    3.3.2　CSD 模块的数学原理 ·· 36
  3.4　CapSense CSA 触摸感应模块 ··· 37
    3.4.1　CSA 触摸感应模块的硬件构造和工作原理 ···························· 37
    3.4.2　CSA 触摸感应模块的数学理论 ·· 40
  3.5　CapSense CSR 触摸感应模块 ··· 41

3.6 基本线的概念和算法 43
3.7 CapSense 模块的参数和 API 函数 46
  3.7.1 CSD 触摸感应模块参数 46
  3.7.2 CSA 触摸感应模块参数 50
  3.7.3 CSR 触摸感应模块参数 52
  3.7.4 CapSense 模块的 API 函数 53
3.8 三种模块的比较 58

第 4 章 触摸按键、滑条、触摸板和触摸屏 61

4.1 触摸按键 62
4.2 触摸滑条 66
4.3 触摸板 72
4.4 触摸屏 76
  4.4.1 触摸屏的主要类型和材料 76
  4.4.2 触摸屏的典型特征 76
  4.4.3 电阻式触摸屏原理 78
  4.4.4 红外线触摸屏原理 80
  4.4.5 表面声波式触摸屏原理 82
  4.4.6 表面电容触摸屏原理 84
  4.4.7 投影电容触摸屏 88

第 5 章 触摸感应项目开发的流程和调试技术 89

5.1 CapSense 触摸感应项目的开发流程 89
5.2 灵敏度和信噪比 97
5.3 用 RS232 串口调试触摸感应项目 98
  5.3.1 用超级终端加 Excel 调试触摸感应项目 98
  5.3.2 用专用串口软件调试触摸感应项目 107
5.4 用 I^2C-USB 桥调试触摸感应项目 115
5.5 CSD 用户模块触摸感应调试技巧 124

第 6 章 触摸感应的低功耗应用 131

6.1 影响功耗的因素 131
  6.1.1 功耗在 PSoC 内各资源的分配 131
  6.1.2 用 SLEEP 方式降低功耗 133

6.2 空闲方式 …… 133
6.3 深度睡眠方式 …… 134
6.4 充电泵 …… 135

第 7 章 触摸感应的噪声缩减和抗干扰 …… 136

7.1 布板与灵敏度和噪声 …… 136
  7.1.1 感应按键和地之间的间隙 …… 137
  7.1.2 感应按键之间的距离 …… 137
  7.1.3 滑条的尺寸和布板 …… 138
  7.1.4 触摸板 …… 139
  7.1.5 感应按键的走线 …… 139
  7.1.6 多层板 …… 141
  7.1.7 覆盖物 …… 142
  7.1.8 感应器在子板上 …… 143
  7.1.9 LED 背光 …… 144
7.2 防水 …… 144
  7.2.1 使用参考感应块实施防水 …… 144
  7.2.2 使用保护电极实施防水 …… 145
  7.2.3 实施防水应用的参考设计 …… 148
  7.2.4 小水滴的防水策略 …… 152
7.3 无线电干扰 …… 152
  7.3.1 无线电和 ESD 干扰分析 …… 152
  7.3.2 CSD 用户模块与 CSR 用户模块的抗干扰性能对比 …… 157
  7.3.3 无线电干扰的软件滤波 …… 159
7.4 CapSense 触摸感应技术在手机中的应用 …… 159

第 8 章 电容感应触摸屏和多触点检测技术 …… 163

8.1 单触点和多触点的概念 …… 163
8.2 电容感应触摸屏的结构和原理 …… 165
  8.2.1 投影电容触摸屏的基本概念 …… 165
  8.2.2 用 CapSense CSD 实现电容触摸屏的双触点手势应用 …… 167
8.3 触摸屏的所有触点检测技术 …… 173
  8.3.1 自电容和互电容 …… 173
  8.3.2 用交叉点扫描技术实施电容触摸屏 …… 175

8.3.3　使用全触点检测的电容触摸屏的构造 …………………………… 177
　　8.3.4　电容触摸屏的ITO图样 …………………………………………… 179
8.4　电容感应触摸屏的电学参数定义 …………………………………………… 181
8.5　电容感应触摸屏需要解决的问题 …………………………………………… 183
　　8.5.1　灵敏度与信噪比 …………………………………………………… 183
　　8.5.2　手指的定位 ………………………………………………………… 186
　　8.5.3　LCD的干扰 ………………………………………………………… 187
8.6　电容感应触摸屏用户模块API ……………………………………………… 188

第9章　用动态重配置实施CapSense Plus

9.1　什么是动态重配置 …………………………………………………………… 193
9.2　动态重配置的实施 …………………………………………………………… 194
9.3　怎样用动态重配置实施CapSense Plus ……………………………………… 195
9.4　用动态重配置实施CapSense Plus的注意事项 ……………………………… 197

第10章　用PSoC Express实施触摸感应按键和滑条

10.1　PSoC Express简介及系统级应用开发 …………………………………… 199
　　10.1.1　芯片级应用开发 …………………………………………………… 200
　　10.1.2　系统级应用开发 …………………………………………………… 201
　　10.1.3　系统级应用开发项目的层次结构 ………………………………… 201
10.2　PSoC Express实施触摸感应按键和滑条 ………………………………… 202
　　10.2.1　基于PSoC Designer 5.0的开发流程 ……………………………… 202
　　10.2.2　PSoC Express的开发环境 ………………………………………… 203
　　10.2.3　实施透明化的触摸感应应用开发 ………………………………… 208
10.3　CapSense Express实施触摸感应按键和滑条开发 ……………………… 211

附录　TX8串口软件实现程序 ……………………………………………………… 222

参考文献 ……………………………………………………………………………… 228

第 1 章

触摸感应技术概述

自从有了电,就有了开关。开关用于控制电气回路的导通与断开。开关的品种与形式多种多样,按键开关是开关的一种类型。它是通过人的手指按压开关的按钮,使开关的两个或多个机械金属触点产生闭合或断开。其中,按键开关又分为带锁的按键开关和不带锁的按键开关。带锁的按键开关是指手指按下开关的按钮后,按钮被自动锁定;手指松开按钮后,开关仍然保持被按下的状态;只有再次按下按钮,开关才回到原来的状态。不带锁的按键开关是指当手指松开按钮后,开关立即回到原来的状态。在大多数情况下,不带锁的按键开关主要是用于向系统提供信号,而不是由它的开关触点来直接控制电气设备的启动与关断。

在电子电路中,不带锁的按键开关被广泛使用。由于它不需要通过很大的电流,所以通常它的外形和体积都比较小,常被称之为轻触按键或微动开关。鼠标按钮和手机键盘就是不带锁按键开关的典型例子。现代电子设备和仪器仪表一般都具有人机交互功能,轻触按键是人机交互中输入设备里的主要元件之一。系统可以通过用户触按轻触按键的信息,包括触按时的系统状态、触按的次数、触按的时间长短和哪一个键被触按来决定作出怎样适当的响应。

在人机交互界面发展的过程中,一种被称之为薄膜按键的技术在许多场合取代了轻触按键。薄膜按键(见图1.1)可以根据用户的要求将多个金属触点嵌入到由数层薄膜组成的薄膜

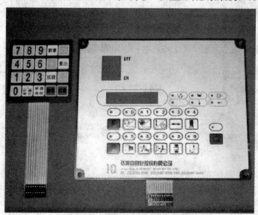

图 1.1 带薄膜按键的薄膜面板

面板中,并采用印刷的方法生成金属连线并通过 FPC 连接带使金属触点与外部的连接端子相连。薄膜按键触感小,可同时实现多按键,在美观的同时简化了面板的机械设计,此外,它还具有一定的防水性能,因而受到许多用户的欢迎。但由于薄膜按键需要定制,它的制作工艺复杂,导致其成本居高不下;同时,其机械的触点存在寿命的限制等因素,使得它的应用也受到一定的限制。

触摸感应技术给人机交互界面的输入设备带来了革命性的变化。它以捕捉人体手指的触摸动作信息为基本出发点,将手指触摸动作的信息转化成电信号并加以判断识别,使之与传统机械轻触按键的"按压"和释放动作等价。由于它不产生被触摸物实体的机械位移,也没有机械触点的磨损,所以触摸感应按键的寿命从理论上讲是半永久性的。另外,它仅靠手指触摸就可以产生用户输入信息,为工业设计师提供了更多想象和发挥创意的空间,设计出各种各样的美观、豪华的面板和人机交互界面。

主流的触摸感应技术使用的是电容感应原理,结合现代微电子技术集成电路能够可靠地捕捉手指的触摸信息。它不但可以实现单按键的检测,而且还可以同时实现多按键的检测。正是由于可以同时实现多按键的检测,使得触摸感应技术从原先仅有的触摸按键功能被扩展到了触摸滑条功能、触摸板功能和触摸屏的功能。这是普通的机械按键和薄膜按键技术所望尘莫及的。

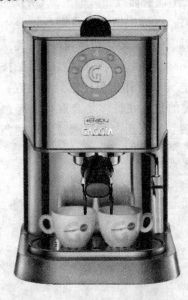

图1.2 使用触摸感应技术的咖啡机

触摸感应技术可用于各种类型的电子设备中,实现控制功能的更小巧、更整洁也更灵活。在便携式消费设备中(尤其是手机、PDA 和笔记本计算机),它具有吸引力的界面和别具一格的产品特点,从而使系统的实际价值增加。同时,与采用普通开关和电位器的设计相比,它的设计成本和难度均较低,这对制造商和消费者而言都是很有利的。手机用户可以沿着话机显示屏滑动手指来改变呼叫的音量、屏幕的亮度或振铃的响度,而不必终止呼叫或通过复杂的菜单结构来点击相应的功能选项。在笔记本计算机中,"触摸板"传感器已经作为笔记本计算机的标准配置以取代外接鼠标来实现光标的移动。触摸感应技术在消费、工业、白色家电、汽车和医疗设备中已被大量采用。图1.2 为使用触摸感应技术的咖啡机。

触摸屏是触摸感应技术的主要应用之一。根据触摸感应原理可以将触摸屏分为电阻式触摸屏、红外线触摸屏、声表面波触摸屏、表面电容触摸屏和投影电容触摸屏。在大屏中(如信息终端、ATM 机等)多使用电阻式触摸屏和红外线触摸屏,而在小屏(如手机、PDA 等)中多使用电阻式触摸屏和投影式电容触摸屏。最近几年,投影式电容触摸屏技术发展迅速,有逐步取代电阻式触摸屏之势。自从苹果公司推出 iPhone 手机以来,多触点投影式电容触摸屏技术尤为引人关注。所谓多触点技术就是电容式触摸屏加专用软件在同一时刻能够同时检测到多于一个手指的触摸。使用这种技术,不但可以实现手指触摸具有类似鼠标的功能,如单击、双击以及滑条的功能,还可以实现一些手势功能,如两个手指的上下左右图像画面的拖动功能、两个手指的图像画面缩放功能和两个手指的图像画面旋转功能。另外该手机还包括快速闪屏功能,即当用户的手指在屏幕上快速滑动时,当前的画面迅速地被切换到下一个或上一个画面。所有这些触摸功能给用户带来了前所未有的新体验。到目前为止,投影式电容触摸屏不仅可以同时检测两个触点,而且同时检测 $N(N>2)$ 个触点的投影式电容触摸屏技术已经问世。它为进一步丰富人机界面和新一代的人机交互方式提供了有利的条件和想象的空间。

触摸感应技术还在不断地发展。具有"力反馈的触摸屏"也已经问世,力反馈触摸屏技术给触摸屏添加了振动功能,当手指接触屏幕时将受到一个反作用力的振动,感觉就像是按下了一个真实的按键一样,它可以进一步改善用户的触摸感觉和触摸体验。而大屏的多触点技术和多手指手势应用将是触摸感应技术发展的新趋势。

第 2 章

触摸感应技术的类型

触摸感应技术的类型主要有基于电阻型的触摸感应技术和基于电容型的触摸感应技术。早期的触摸感应一般使用基于电阻型的技术,它的实现原理和电路都比较简单,使用分立元件、简单的模拟电路或简单的数字逻辑电路就可以实现,成本较低。但电阻型的触摸感应技术通常只能实现较少的感应按键个数,电路和人体之间不能完全隔离,给面板制作带来一定的难度,抗干扰性能也受到一定的影响,所以它大都被应用在简单的开关控制中,如台灯的控制。

基于电容型的触摸感应技术利用手指触摸面板时,手指与面板(非导电材料)下面的 PCB 板上的感应铜箔形成手指电容变化来实现触摸感应控制功能。由于手指触摸所产生的电容变化非常小,通常在 $0.1\sim 3$ pF,所以用于检测这个微小电容变化的电路和它的原理比电阻型的触摸感应技术要复杂。但由于现代电子技术的进步,电容型的触摸感应技术已经日臻成熟,成本也大幅下降,另外它还有很好的抗干扰性能,可实现多感应按键个数,由多感应按键进而可实现滑条功能、触摸板功能和触摸屏功能。现在电容型的触摸感应技术已经成为现代触摸感应技术的主流。

2.1 基于电阻型触摸感应技术

基于电阻型的触摸感应电子开关可以用分立的电子元件实现,也可以用数字逻辑电路来实现。555 电路可以很容易地实现触摸感应电子开关,但为了实现既有触摸按键的功能又有无级调光或调速的功能就需要使用专用的触摸感应集成电路。

图 2.1 是一个典型的使用分立元件实现的电阻型触摸通断电子开关电路。用手指触摸电路上的 2、3 铜箔覆盖层,由于手指的导电性,相当于在 2、3 铜箔上连接了一个电阻,则晶体管 Q2、Q3 和 Q4 导通,指示灯 L 发亮。如果触摸铜箔 1、2,则只有 Q1 导通,指示灯 L 不亮。

图 2.2 是用非门实现的电阻型触摸通断台灯控制电路。它采用一只 CD4069 中的 3 个非门 D1、D2 和 D3 组成开关控制电路,由于手指的电阻远小于 R_2,所以当手指触摸铜箔 M 时,C_2 上电压将直接被施加到 D1 的输入端使 D1、D2 和 D3 翻转,通过三极管 VT 控制继电器 K 进而来控制台灯的开和关。当手指移开时,D2 的输出电压通过 R_1 使 D1 的输入端的电压保持不变,而 D1 的输出电压将通过 R_2 给 C_2 充电(C_2 为低电平时)或放电(C_2 为高电平时),为

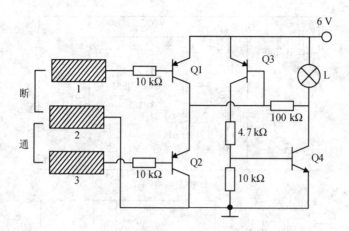

图2.1 使用分立元件实现的电阻型触摸通断电子开关电路

下一次触摸改变状态作好准备。

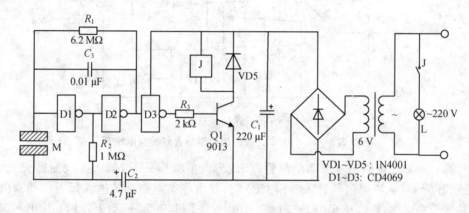

图2.2 用非门实现的电阻型触摸通断台灯控制电路

图2.3(a)是用NE555实现的触摸通断台灯控制电路。当人手触碰一下金属触片A,人体上的杂波信号便通过C_3加到时基电路的2脚,2脚被触发,整个触发器翻转,3脚输出高电平,输出经限流电阻R加到可控硅控制极,可控硅S导通,灯L被点亮。

需要关灯时,用手触碰一下金属片B,感应信号经C_4加到时基电路的6脚,6脚被触发,3脚输出低电平,可控硅失去触发电流而截止,电灯熄灭。电路中的C_3、C_4是耦合电容,能防止因个别元件的破坏而造成的麻电现象。电路中的C_1、C_2、D1、DW组成6 V直流供电电源。

也可以在NE555电路的2和6脚输入端使用5.1 MΩ的电阻,输出通过继电器来控制电灯,如图2.3(b)所示。触摸M1可以开灯,触摸M2可以关灯。

图2.4是用双D触发器制作的触摸开关。CD4013是双D触发器,分别接成一个单稳态电路和一个双稳态电路。单稳态电路的作用是对触摸信号进行脉冲展宽整形,保证每次触摸

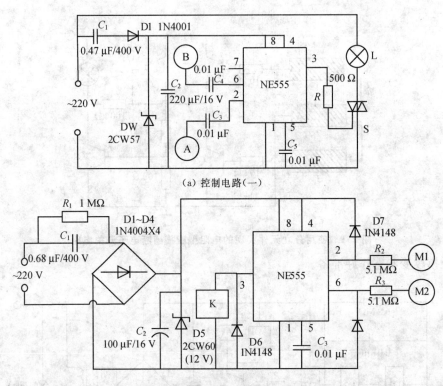

图 2.3 用 NE555 实现的触摸通断台灯控制电路

动作都可靠。双稳态电路用来驱动晶闸管 VS。当人手触摸一下 M，人体泄漏的交流电在电阻 R_2 上的压降，其正半周信号进入 3 脚 CP1 端，使单稳态电路翻转进入暂态。其输出端 Q1 即 1 脚跳变为高电平，此高电平经 R_3 向 C_1 充电，使 4 脚电压上升，当上升到复位电平时，单稳态电路复位，1 脚恢复低电平。所以每触摸一次 M，1 脚就输出一个固定宽度的正脉冲。此正脉冲将直接加到 11 脚 CP2 端，使双稳态电路翻转一次，其输出端 Q2 即 13 脚电平就改变一次。当 13 脚为高电平时，VS 开通，电灯 L 点亮。这时电容 C_3 两端的电压会跌落到 3 V 左右，发光管 VD6 熄灭，由于 CMOS 电路的微功耗特点，所以集成块仍能正常工作。当 13 脚输出低电平时，VS 失去触发电流，当交流电过零时即关断，L 熄灭。这时 C_3 两端电压又恢复到 VD5 的稳压值 12 V，VD6 发光用来指示开关的位置。由此可见，每触摸一次 M，就能实现电灯"开"或"关"，它对外只有两根引出线，故安装与使用都十分方便。

一种具有触摸按键式的带无级调光（调速）功能的集成电路 NB7232，它与主要由双向可控硅元件及其他元件组成的外围电路一起，可使用户采用触摸（或按键）的方式对光源（或马达）进行调光（或调速）及开/关的控制，并具有调光（或调速）位置的记忆功能。该电路由零电平检测器、输入缓冲器、锁相环、逻辑控制器、亮度存储器、相角指示器、数字比较器和输出驱动

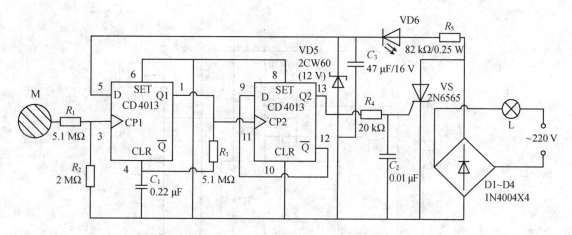

图 2.4 用双 D 触发器制作的触摸开关

器组成,其电路内部框图如图 2.5 所示。

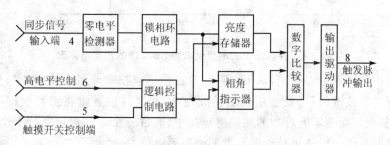

图 2.5 NB7232 电路内部框图

电路的基本工作原理为(调光为例):人体带电与市电同频,用手接触触摸片时,人体感应信号经输入缓冲器的削波,放大,整形,成为标准的 CMOS 电平。当触摸持续时间大于 50 ms 而小于 400 ms 时,控制逻辑部分将控制电路呈开关工作状态。当触摸持续时间大于 400 ms 时,控制逻辑部分将控制电路呈调光工作状态,输出触发脉冲相位角在 41°～159° 之间连续周期变化,并根据人的感受力,分为快、慢和暂歇 3 个过程。当触摸结束时,亮度存储器对该时的相位角进行记忆。若再施大于 50 ms 而小于 400 ms 的触摸,电路呈关闭状态,相位角仍由该部分记忆,保证电路在下一次的开状态时,保持原选定相位角光源保持原亮度。触发脉冲与市电的同步由锁相环保证,电路的工作时钟也由其产生。同时,电路还具有遥控(即远端触发)功能和渐暗功能(即由亮至暗,最后关闭),渐暗速度由外电路设置。

图 2.6 是采用并联三线式电阻供电的 NB7232 的应用电路图。触摸信号由铜箔 M 端经 1.5 MΩ 电阻从 NB7232 的 5 脚输入,市电的同步信号由 4 脚输入,如果使用开关按键作为控制,则开关按键信号由 6 脚输入。带 * 号的 100 kΩ 电阻为触发灵敏度调节电阻,可根据实际情况调节。8 脚为控制输出信号用于可控硅的导通与关断和导通时的导通角来实现灯的开关

和亮度调节。

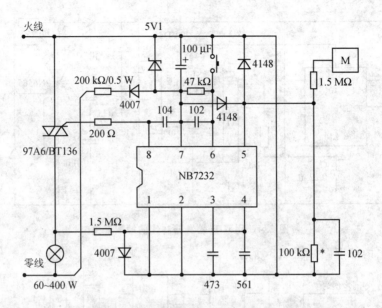

图 2.6　并联三线式电阻供电的 NB7232 的应用电路图

由上面的一些例子可以看到，基于电阻型的触摸感应按键或者人体感应信号的触摸感应按键基本上都是单按键的，当要使用多触摸按键时，元器件的数量将随着按键的个数成倍增加，系统变得复杂。而基于电容型的触摸感应技术，通常一个芯片可以支持多个感应按键，所以多感应按键的系统一般使用基于电容型的触摸感应技术。

2.2　基于电容型触摸感应技术

基于电容型的触摸感应技术按照电容感应的方式基本上可以分成三类：电场变化触摸感应技术、基于弛张振荡器的触摸感应技术以及电荷转移型的触摸感应技术。

2.2.1　电场变化触摸感应技术

电场传感器通常会使用一个数百 kHz 的正弦波，然后将这个正弦波信号施加在电容的一个极板导电块上，并检测另外一个导电块上的信号电平。当用户的手指或另外的导体对象接触(近)两个导电块的时候，接收器上的信号电平将改变。通过解调和滤波极板上的信号，可获得一个直流电压，这个电压随电容的改变而变化。将这个电压与阈值电压比较，即可以产生触摸/无触摸的信号。

PCB 板上两块(条)相互靠近的铜箔之间存在电容。这个电容的大小与两个铜箔之间的相对距离成反比，与两个铜箔之间的相对面积成正比。如果把这两个铜箔作为触摸感应传感器,参考图 2.7,当在一个铜箔 TX 上施加一定频率的激励信号时,由于电容的电场效应,在另一个铜箔 RX 上将能感应到这个信号,感应信号的大小与激励信号的频率和两个铜箔之间的电容直接相关。一般来讲,激励信号的频率越高,两个铜箔之间的电容越大,感应信号就越强;反之就越弱。当激励信号的频率确定时,感应信号就与两个铜箔之间的电容具有正相关性。当人体的手指触摸电容感应传感器时,由于人体相当于一个接地的导体,手指与感应传感器之间就形成了一个手指的电容,两个铜箔之间感应电场的能量中的一部分流向了手指,RX 上所接收到的感应信号的幅度将减少,感应信号幅度变化的大小与手指电容的大小成正比。使用一个 AD 转换器检测感应信号的幅度变化就可以知道是否有手指的触摸。

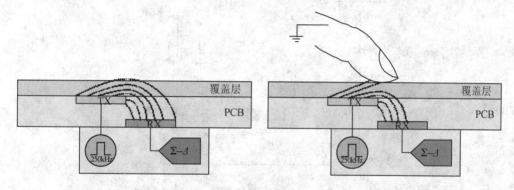

图 2.7 触摸传感器在无手指触摸和有手指触摸时的电场变化示意图

ADI 公司的 AD7142 是使用电场变化触摸感应技术来实现触摸应用的典型芯片。它使用 250 kHz 的激励源和高分辨率 16 位 ADC,通过两个感应铜箔之间的电场变化来测量电容的方法来实现手指触摸的检测。如图 2.8 所示,激励源不断产生 250 kHz 的方波,从而在电容传感器中产生电场以及能够穿透覆盖材料的磁通量,然后通过 16 位的 ADC 来检测电容传感器的电容。16 位的 ADC 具有测量 1 fF(1 pF=1000 fF)电容分辨率的能力,而手指触摸传感器产生的电容变化在 0.1~1 pF,因而保证它有足够的手指触摸灵敏度。它无须外部控制元件就可以实现自动校准,以确保不会发生由于温度或湿度变化引起虚假触摸。一旦将电容传感

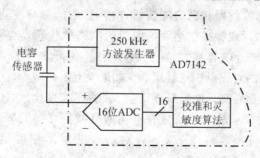

图 2.8 通过电场变化测量电容的方法来实现手指触摸的检测

器的输出数字化后,就可以通过设置相应的 16 位寄存器来设置每个传感器的具体检测门限电平。门限电平可以设置在手指触摸传感器所产生的最大变化值的 25%～95%。这个值越小灵敏度越高,但不能低于电噪声所导致的触摸传感器产生的电容的变化;这个值越大灵敏度越低。为了避免可能产生的误触发又有适当的灵敏度,通常可以设置为手指触摸传感器所产生的最大变化值的 40%～60%。手指触摸产生的 ADC 输出代码变化和门限电平设置范围,如图 2.9 所示。

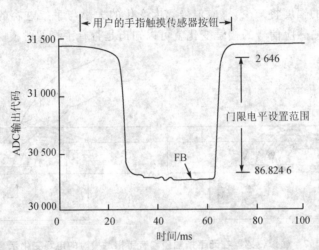

图 2.9　手指触摸产生的 ADC 输出代码变化和门限电平设置范围

另一个使用电场变化的触摸感应技术的芯片是 Freescale 的 MC34940。事实上该芯片是使用电场变化的原理来探测物体的距离或作为接近检测使用的。当然使用合适的电极大小、形状以及适当的频率信号并适当地调节它的灵敏度,它也能作为触摸感应芯片使用。

该芯片使用单电极方案,参考图 2.10 MC34940 电场变化触摸感应方案原理图,导电的物体、人体或手指作为另一个电极并且认为是接地的。众所周知当两个电极靠近时电容就会增加,反之则会减少。MC34940 产生一个 120 kHz 峰峰值为 5 V 的正弦波信号通过 22 kΩ 的电阻经过触摸传感器电极到检波器和低通滤波器,检波器和低通滤波器将交流信号整流并滤波成直流电压。当有手指靠近或触摸被绝缘的面板所隔离的传感器电极时,会在传感器电极和手指之间产生电场,靠得越近电容越大,交流信号经过 RC 电路后产生的衰减也越大。经过检波器和低通滤波器后产生的直流电压也就越低。如果没有手指触摸,这个电容将不存在,低通滤波器输出的直流电压就会比较高。通过对直流电压的高低幅度比较可以判断有无手指触摸。

显然 RC 电路对不同频率的交流信号有不同的衰减程度。频率越高电容越大,对信号的衰减幅度就越大;反之,频率越低电容越小,对信号的衰减幅度就越小。图 2.11 给出了 60 kHz、120 kHz 和 240 kHz 三个频率的电压输出与电极电容大小的变化曲线。其中 240 kHz 的信号随着电容的增加有更快的衰减速度。因为,手指触摸产生的电容比较小,为了获得足够

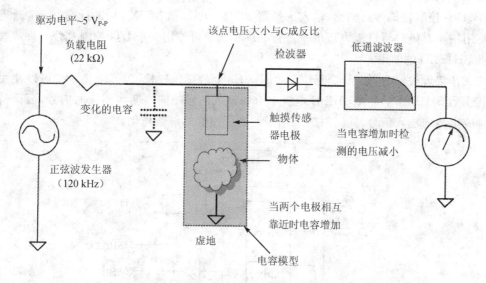

图 2.10 MC34940 电场变化触摸感应方案原理图

的灵敏度,所以需要使用 240 kHz 或更高的频率来作为驱动信号。

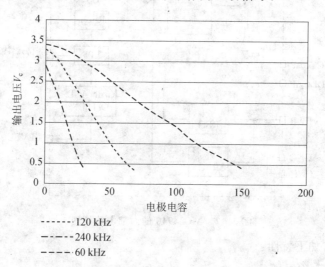

图 2.11 三个频率的电压输出与电极电容大小的变化曲线

图 2.12 是 MC34940 的内部电路框图,图 2.13 是它的应用电路图。振荡信号由 OSC 加外部电阻组成,经跟随器和 22 kΩ 电阻再由 A、B、C 所控制的模拟多路输出 MUX OUT 选择器经 2.8 kΩ 电阻由 E1~E7 输出正弦波驱动信号。同时该信号在内部又直接被模拟多路输入选择器 MUX IN 引入,经跟随器到检波器和低通滤波器后产生直流电压电平。

该芯片需要与带 AD 转换器的 MCU 芯片配合使用。MCU 芯片需要使用 3 个 I/O 口通过 A、B、C 来控制模拟多路输出、输入选择器 MUX OUT 和 MUX IN 进行 E1~E7 通道的切换。使用一个 I/O 口将直流电压电平进行 AD 转换。再使用一个 I/O 控制是否允许或禁止屏蔽电极 SHIELD 的使用。

它在作接近检测时，如果电极连接到 E1~E7 上的线比较长，为了防止干扰可以使用屏蔽线将其连到 SHIELD 上。SHIELD 电极上有与输入信号相同幅度和相位的信号，因而他不会影响感应电极的输入信号，同时对输入信号起到了很好的屏蔽作用。

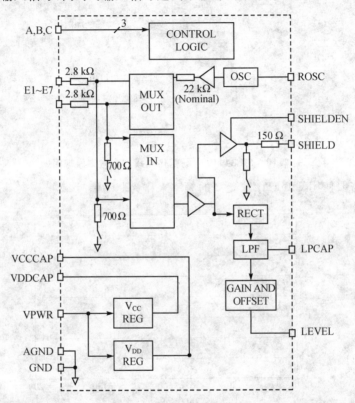

图 2.12　MC34940 的内部电路框图

MC34940 具有如下特性：
- 最多可支持 7 个电极；
- 最多可支持 28 个触摸传感器；
- 可支持线性的滑条和旋转式的触摸滑条；
- 可实现距离的探测；
- 一个器件可支持多种功能应用；
- 提供屏蔽驱动供同轴电缆来驱动远端电极；
- 外部电阻可调频率的高纯正弦波发生器。

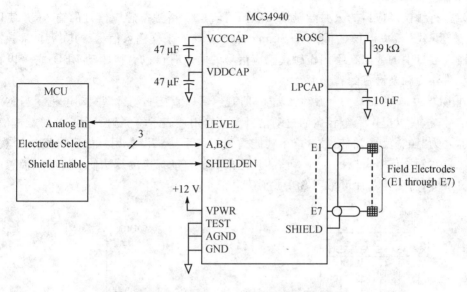

图 2.13 电场感应电路的应用电路图

LDS60X0(X=1,2,4)也是使用电场变化的触摸感应技术的芯片。其中 LDS6040 芯片的框图和应用电路图如图 2.14 和图 2.15 所示。它使用 500 kHz 的激励信号源从 SHIELD 脚

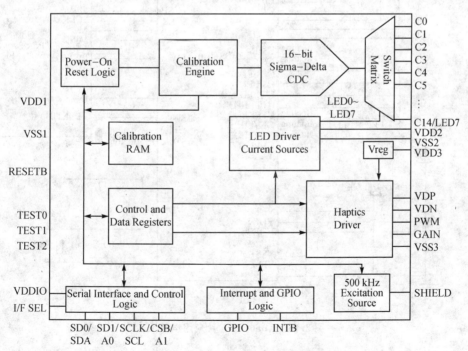

图 2.14 LDS6040 芯片内部框图

引出作为所有触摸感应器的公共激励源,该芯片提供15路触摸感应信号的输入,并使用一个16位、采样频率为500 kHz的Delta-Sigma A/D转换器采样输入信号。其中15路触摸感应信号的输入端口中的8路在不用作触摸感应信号的输入时可以直接驱动LED,它可以在实施触摸键盘时作为触摸键盘的背光源。

另外LDS6040集成了一个振动触觉驱动信号,可以直接驱动微型振动电机。当芯片检测到触摸信号时,可以提供一个轻微的振动信号反馈给用户表示检测到一个有效的触摸信号,这就是被称之为"触觉反馈"的信号。这个功能受到某些手持式设备用户如手机用户的欢迎,它简化了原先对触摸信号反馈的设计。该芯片还集成了自动标定的算法使所有的触摸感应器有一致的灵敏度,与主控芯片可采用SPI或I^2C串行通信。

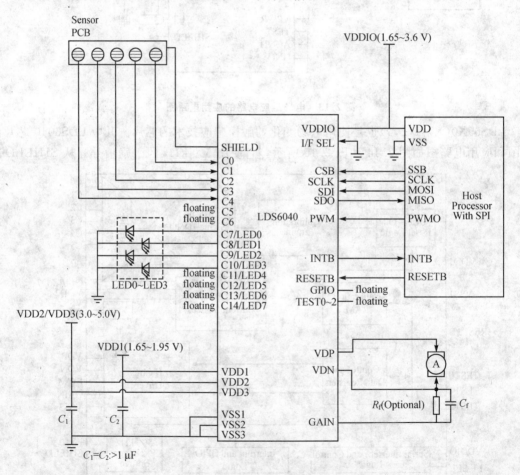

图2.15　LDS6040芯片应用电路图

2.2.2 充电传输触摸感应技术

充电传输触摸感应技术利用了一种称为电荷保持的物理原理。简单地说，就是使用一个开关在一个短时间内施加一个电压到感应电极上对其充电，之后将这个开关断开，用第二个开关再将电极上的电荷释放到更大的一个采样电容中。通过测量多个充电-传输周期后的电荷，可以确定感应电极的电容。通过利用微处理器控制的 MOSFET 晶体管开关来以突发模式实现充电-传输-获取的过程。人手指触摸感应电极增大了电极的电容，导致传输到采样电容上的电荷变化，采样电容的电压因此改变，这样可以通过监测电容的微小改变来确定是否有手指接近或者触摸到感应表面。

Quantum 公司的 QT 芯片就是采用这种方法来实施触摸感应的检测。图 2.16 是充电传输型触摸感应方案的基本电路图。图中 C_s 是感应电极电容，通常在 $10\sim30$ pF，C_{int} 是采样电容，可选 6.8 nF。在 φ_1 时刻 φ_1 开关闭合，φ_2 开关断开，V_{DD} 经 R_1 给感应电极电容 C_s 充电，由于 C_s 很小，C_s 上的电荷很快被充满，C_s 上的电压 V_{Cs} 快速上升。在 φ_2 时刻 φ_2 开关闭合，φ_1 开关断开，这时 C_s 上的电荷经 R_1 和 R_2 被传输到 C_{int} 上，由于 $C_{int} \gg C_s$ 所以 C_{int} 上的电压 V_{Cint} 有一个小的上升。经过多次 φ_1 和 φ_2 开关的切换以后，C_s 上的电荷不断地被传输到 C_{int} 上，电压 V_{Cint} 上升到达 V_{REF}，比较器输出翻转，一次采样结束。一次采样所花的时间与 V_{Cint} 的上升速度成反比；而 V_{Cint} 的上升速度却与 C_s 上的电荷传输速度成正比。在 φ_1 时刻 C_s 上的电压 V_{Cs} 上升得越高，C_s 上的电荷传输到 C_{int} 的速度也就越快。所以就有：C_s 越小，在 φ_1 时刻 C_s 上的电压 V_{Cs} 上升得越高，一次采样所花的时间就越短。当有手指触摸感应电极时，C_s 增大，使得在 φ_1 时刻 C_s 上的电压 V_{Cs} 上升不如没有手指触摸时高，导致一次采样所花的时间就被增大。因此，通过测量一次采样所花的时间就可以检测和判断有无手指的触摸。

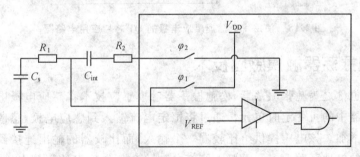

图 2.16 充电传输型触摸感应方案的基本电路图

图 2.17 是充电传输 V_{Cs} 和 V_{Cint} 的充电波形，其中 t_1 为没有手指触摸时一次采样所花的时间，而 t_2 为有手指触摸时一次采样所花的时间。

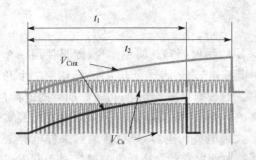

图 2.17 充电传输 V_{Cs} 和 V_{Cint} 的充电波形

QT 芯片的充电传输型触摸感应方案具有足够高的触摸灵敏度和高的动态范围,在电流透过厚的面板时不需要一个参考地连接,因此适合电池供电的设备。同时,由于它的低输入阻抗特性,使其具有很好的抗干扰性。另外,它还具有自动漂移补偿功能,可以解决老化或者环境条件改变带来的采样时间缓慢变化的问题。但由于它每一路感应电极需要使用 3 个外部元件,对于感应电极使用比较多并且空间面积要求特别小的场合,会给设计者带来一定的难度。图 2.18 是使用 4 个触摸感应电极的 QT 芯片应用电路图。

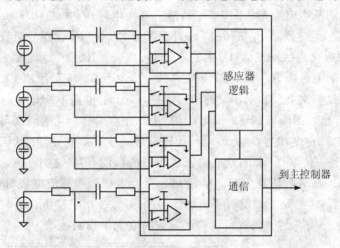

图 2.18 使用 4 个触摸感应电极的 QT 芯片应用电路图

2.2.3 松弛振荡器触摸感应技术

松弛振荡器也称之为驰张振荡器,松弛振荡器触摸感应技术将感应电极电容与一个电阻作为锯齿波振荡器中的可变定时单元。通过将恒定电流馈入到感应电极,感应电极上的电压随时间近似线性增加。该电压提供给比较器一个输入,而比较器的输出连接到一个与感应电极电容并行连接的接地开关上。当电极电容充电到一个预先确定的阈值电压时,比较器改变状态,实现开关动作——对定时电容放电,打开开关,这个动作将周期性的重复下去。其结果是,比较器的输出是脉冲串,其频率取决于总的定时电容的值。感应传感器根据频率或周期的变化来报告有无触摸的状态。

Microchip 提供带松弛振荡器触摸感应电路的 MCU 芯片,如图 2.19 所示。MCU 芯片内集成的双比较器和 RS 触发器与感应电极电容 C_P 和 120 kΩ 电阻构成松弛振荡器。由双比较器组成双门限电压比较器,上限电压为 $2V_{DD}/3$ 由芯片内部电压参考源提供,下限电压为 $V_{DD}/4$ 由外部电阻分压提供。当感应电极电容上的电压低于下限电压时,上下比较器均输出高电平,RS 触发器的 S 端为 0,R 端为 1,RS 触发器的反向输出端输出高电平,该高电平经 120 kΩ 电阻向 C_P 充电。当 C_P 上的电压大于下限低于上限,S 和 R 均为 0,输出保持不变,C_P 继续被充电。当 C_P 上的电压大于上限时,S 端为 1,R 端为 0,RS 触发器输出反转,C_P 经 120 kΩ 电阻放电。这时 C_P 上的电压又大于下限低于上限,S 和 R 均为 0,输出保持不变,C_P 继续放电。当 C_P 上的电压由于放电低于下限电压时,S 端为 0,R 端为 1,RS 触发器输出又反转输出高电平为 C_P 充电。如此重复形成振荡。

当电源电压被确定以后,该松弛振荡器的振荡频率取决于 RC_P 的时间常数,$R(R=120$ kΩ)一旦被确定,频率与 C_P 成反比。当有手指触摸感应电极时,由于存在手指电容 C_F,C_P 变成了 C_P+C_F,充电放电周期就变长,频率将减少。该频率可以通过 MCU 内的两个定时器来测量。定时器 0 产生一个固定时间间隔的中断以读取定时器 1 测量到的频率计数值。如图 2.19 的右半图。

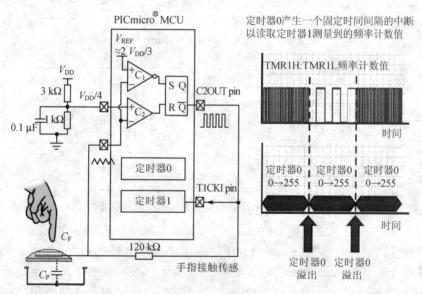

图 2.19　带松弛振荡器触摸感应电路的 MCU 芯片和频率测量示意图

松弛振荡器的充放电波形和 RS 触发器的输入输出真值表如图 2.20 和图 2.21 所示。

事实上,对于使用松弛振荡器来测量电容的变化进而来判断有无手指的触摸,它既可以通过测量频率来实现,也可以通过测量周期来实现。测量频率,是计算固定时间内松弛振荡器的周期数。如果在固定时间内测到的周期数较原先校准的为少,则此感应开关便被视作被按压。测量周期,是在固定次数的张弛周期间计算系统时钟周期的总数。如果感应开关被按压,则张弛振荡器的频率会减少,则在相同次数周期会测量到更多的系统时钟周期。

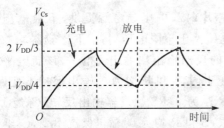

图 2.20 松弛振荡器的充放电波形　　　图 2.21 RS 触发器的输入输出真值表

无论是测量频率还是测量周期,对于带触摸感应功能的 MCU 芯片来讲都很容易实现。因为 MCU 通常都会包含定时器或 PWM 数字资源,可以用它们方便地测量频率或周期。除此之外,MCU 在实现触摸感应功能的同时,在 MCU 资源允许的情况下还能实现其他 MCU 可以实现的功能。

Silicon Labs 的 MCU C8051F93x-92x 系列芯片使用一个片内自带的比较器加少量的外部元件实现松弛振荡器功能,通过片内定时器和模拟多路选择器可以实现多路触摸感应按键探测。

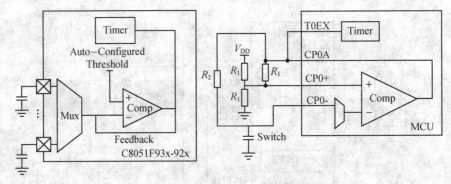

图 2.22　由一个比较器实现的松弛振荡器电路

参考图 2.22,Switch 为感应电容按键,当比较器输出为高电平时(接近或等于 V_{DD}),该电压将通过电阻 R_2 为感应电容充电。因为分压电阻和正反馈电阻均为 R_1,而由于比较器输出为高电平,使得比较器的同相输入端电压等于 $2V_{DD}/3$。当感应电容上的电压被充电上升到 $2V_{DD}/3$ 时,比较器输出反转。感应电容经由 R_2 开始放电,这时由于比较器输出电压为零电平,使得比较器的同相输入端电压由 $2V_{DD}/3$ 跳变到 $V_{DD}/3$。所以当感应电容上的电压被放电下降到 $V_{DD}/3$ 时,比较器输出再出现反转。如此不断重复形成振荡。振荡的频率取决于电源电压和时间常数。因此通过测量频率或周期的方法就可以检测手指的触摸动作。

松弛振荡器触摸感应技术的优点是:电路原理简单,容易实现,没有专利的限制,灵敏度可以随着固定时间或固定振荡次数的增加或减少来灵活地调节。缺点是:由于电容感应信号对比较器来讲是高阻输入,容易受到外界干扰信号的影响,需要采用更多的软件滤波和抗干扰措施来消除噪声和干扰的影响。

第 3 章

CapSense 触摸感应技术

CapSense 触摸感应技术是基于 PSoC 芯片,采用电容感应方式的一种先进的触摸感应技术。基于 PSoC 芯片的 CapSense 触摸感应技术具有完整的理论基础、合理的硬件构架、极少的外部元件、最低的系统成本和非常高的弹性和灵活性。CapSense 触摸式电容感应解决方案最多可以控制 28 个按键。它不仅可以实现触摸按键,还可以在一个芯片上同时实现触摸按键和滑条或触摸按键和触摸板,甚至还可以用它来实现触摸屏功能。另外,有些项目在实现触摸功能时还可以实现其他的功能。如同时控制 LED 或通信接口,通过 AD 来测量温度,控制马达等,也就是所谓的 CapSense Plus。在介绍 CapSense 触摸感应技术之前先来了解一下 PSoC。

3.1 PSoC 基础

赛普拉斯半导体基于微处理器的 PSoC(可编程系统在片芯片),不仅具有 MCU 的可编程序能力,还包含了部分可编程逻辑运算功能,同时也提供了可编程模拟阵列,集 3 种可编程能力于一体。其中的周边数字功能(如 TIMER、COUNTER、PWM、UART、SPI)由与可编程模拟阵列相对应的可编程数字阵列提供。通过对寄存器的配置或控制,三者之间可以相互作用、协调工作,是真正的可编程系统级芯片。

3.1.1 PSoC 的功能框图

PSoC 主要由 PSoC 核、数字阵列、模拟阵列和附加的系统资源所组成,如图 3.1 所示。其中 PSoC 的核就是称之为 M8C 的 8 位微处理器,以及相应的 Flash 存储器、SRAM、SROM 和两个数字时钟源。而数字阵列则包含至少一排(4 个)的数字模块,模拟阵列则包含至少一列(3 个)的模拟模块,附加的系统资源主要有数字时钟、乘加器、采样滤波器、I^2C、系统复位(包括 POR 和 LVD)、开关泵、内部电压参考和 I/O 模拟输入多路器。虽然 PSoC 的核心是一个 8 位微处理器,但因为数字阵列中的数字模块和模拟阵列中模拟模块的通用性和可配置性,所以 PSoC 不仅可以处理数字信号而且可以处理模拟信号,它又被称作是一个具有嵌入式微控制器内核的混合信号阵列。

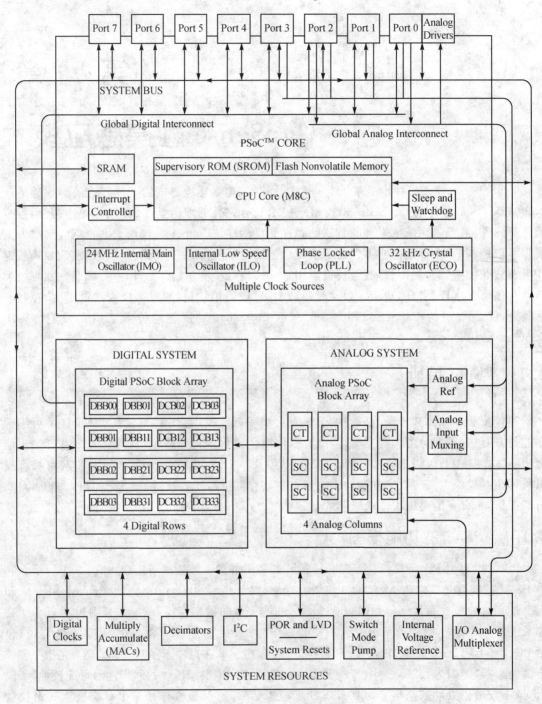

图 3.1　PSoC 的功能框图

在 PSoC 的数字阵列和模拟阵列中,一个模块或几个模块可以被配置成一个用户模块,用户模块的主要任务就是向设计师提供几组能够由其进行配置和互连的通用积木式部件,以便执行多种功能。对于大多数设计师来说,复合可编程逻辑器件(CPLD)的"宏单元"是他们所熟悉的对用户模块最为贴近的类比。每个单元(每个用户模块)都是根据核心功能来构筑的,当对其进行配置时,就会产生定制功能或板载外围元件的最终结果。譬如,用一个数字模块可以配置一个 8 位的定时器或一个 8 位的 PWM;用两个数字模块可以配置一个 16 位的 PWM或一个 UART;用一个模拟模块可以配置一个放大器或一个比较器;用两个模拟模块可以配置一个低通滤波器或一个带通滤波器;用一个数字模块和一个模拟模块可以配置一个 Δ-Σ ADC。PSoC 的集成开发环境已经提供了几十种常用的用户模块供用户选择。这些数字模块和模拟模块可由设计师自己配置,构造用户自己的独一无二的用户模块。

PSoC 的内核采用哈佛(Harvard)架构,在 24 MHz 的频率下具有高达 4 MIPS 的操作性能,并可以满足非常苛刻的 USB 睡眠功耗规范要求。该器件具有一个全面可编程性的内部 CPU 时钟,甚至在正常操作期间也可对其加以改变。它有 2~32 KB 的 Flash 程序存储空间,128~2 KB 的 RAM,这意味着 PSoC 能够实现一个全混合信号设计,而无需任何的外部元件。PSoC 的 CPU 内核允许对所有由用户模块配置组成的特殊功能寄存器进行存取操作。在这种场合,该内核还支持一种名为"动态重构"的概念。这一强大的能力使得 PSoC 能够在硬件的控制之下对其所有的用户模块进行全面重构,并由此获得一个全新的"个性"和功能;使得 PSoC 的资源得到更充分的利用,120%的资源利用率在 PSoC 已经成为可能。

3.1.2　PSoC 的数字模块

数字阵列由一个或几个数字排组成,而一个数字排包含 4 个数字模块。这 4 个数字模块包括 2 个基本的数字模块(DBB)和 2 个通信的数字模块(DCB)。每一个数字模块都可以被构造成为一个独立的数字功能块。其中的数字功能包括:定时器、计数器、PWM、伪随机码发生器(PRS)和 CRC 校验。几个数字模块组合起来可以组成一个更大的,位数超过 8 位的数字功能块,如 3 个数字模块可以构造成为一个 24 位的 PWM。通信的数字模块可以构造主或从的 SPI 和全双工的 UART。每一个数字模块的输入和输出都可以通过排输入总线、排输出总线或排广播总线与其他数字模块相连。每一个数字模块的输入和输出也可以经由排的输入和输出总线到全局的输入和输出总线(奇的或偶的)与任一通用的 I/O 口相连。排输出总线中相邻的两根线可以实施任何一种硬件逻辑运算(可编程逻辑功能)。数字模块的输出也可以作为模拟 SC 模块的时钟同步信号提供给模拟模块,如图 3.2 所示。

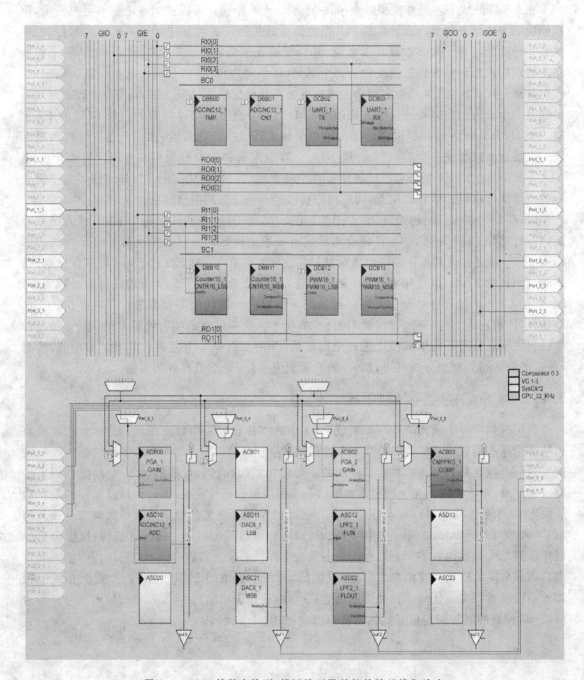

图 3.2　PSoC 的数字阵列、模拟阵列及其相关的总线和路由

数字模块由数据通道、输入多路器、输出多路器、构造寄存器和相应的数据链路所组成,其框图见图3.3。每一个数字模块都有7个寄存器来控制和决定它的功能和状态。功能寄存器主要用于选择这个模块将要实施的功能;输入寄存器主要用于选择模块所采用的时钟源和数据源;输出寄存器主要用于选择模块的输出通路和输出方式。数据通道包含3个数据寄存器(DR0,DR1,DR2)和一个控制寄存器,作为不同的功能块,这些寄存器的作用也是不一样的。当一个数字模块被作为定时器、计数器和PWM时,DR0,DR1和DR2被分别作为周期寄存器,向下计数器和比较寄存器;而一个数字模块被作为PRS和CRC时,DR0,DR1和DR2被分别作为多项式寄存器、移位寄存器和种子寄存器;当一个数字模块被作为SPI和UART时,DR0,DR1和DR2被分别作为输入缓冲器、移位寄存器和输出缓冲器。另外,每一个数字模块都有一个中断屏蔽位来确定这个模块是允许还是禁止中断。每一个数字模块都有一个对应的中断向量和相应的中断服务程序。

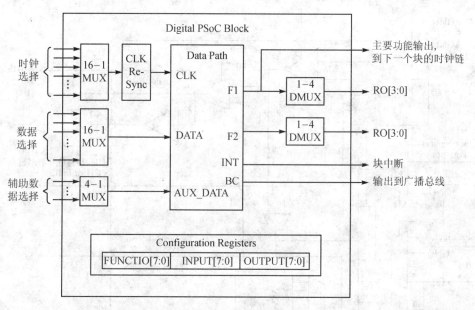

图3.3 PSoC的数字模块框图

由于数字模块的可构造性和可组合性,PSoC的数字模块还可以实现其他的数字功能,如数字缓冲器、数字反向器、红外接收器和红外发射器等。

3.1.3 PSoC的模拟模块

PSoC的模拟阵列被设计成按列来排列,如图3.2所示。不同型号的PSoC,它的列的数目是不一样的。一般它的数目是1,2或4列,每一列有3个模拟模块。每一列的第一个模块被称为连续时间的模拟模块(ACT),而第二和第三个模块被称为开关电容模拟模块(ASC)。

每一列都有一个输入时钟多路选择器,选择的时钟信号可以是系统的时钟,也可以是来自数字模块的时钟信号,它主要用于开关电容模拟模块,它的频率大小可大致确定输入到开关电容模拟模块的模拟信号的频宽。每一列还都有一个模拟总线和一个比较总线,模拟总线可以将模拟模块输出的模拟信号路由到这一列其他模拟模块,也可以经缓冲器输出到I/O口。比较总线可以连接到作为比较功能的模拟模块的输出,比较总线经模拟LUT(带缓冲的逻辑运算器)可以被路由到任一个数字模块,LUT上信号的跳变也可以产生中断,触发中断服务程序。通过模拟LUT,相邻两列比较总线也可以实施任何一种硬件逻辑运算(可编程逻辑功能)。

连续时间的模拟模块以一个轨至轨、低漂移、低噪声的运算放大器为核心,见图3.4,在其外围集成了多个由寄存器控制的多路选择器和电阻网络。通过多路选择器可以选择运放某一个输入端的基准电压,和另一个输入端的模拟信号路由,结合多路选择器和电阻网络可以选择

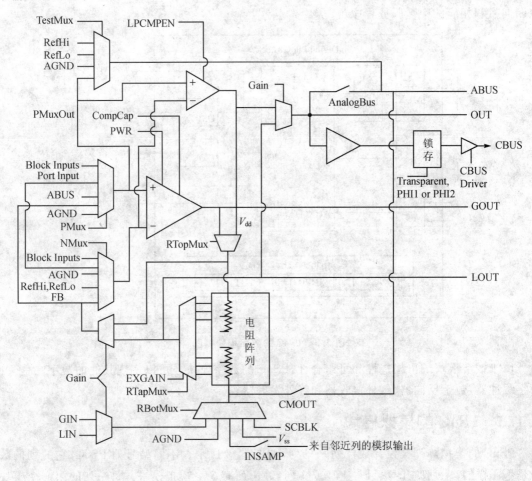

图 3.4　PSoC 的连续时间的模拟模块

运放的放大倍数或比较器的阈值电压。这一个模拟模块最基本的功能是用作可编程放大器或可编程模拟比较器,也可用作过零检测或下一级模拟输入的预处理。与其他模拟模块组合可以实施更为复杂的模拟功能,如仪表放大器,信号的调制和解调等。这个模块还包含一个低功耗的模拟比较器,它和运放有相同的输入和输出,它用于在 SLEEP 方式时,虽然运放已经停止工作,外部事件仍然可以通过这个比较器来产生中断唤醒 PSoC。这个模块的输出有3个出口,分别可以输出到模拟总线(ABUS)、比较总线(CBUS)和本地输出(OUT、GOUT、LOUT),本地输出主要是用于和邻近的模拟模块相连。

开关电容模拟模块又有 C 型的开关电容模拟模块(见图 3.5)和 D 型的开关电容模拟模块(见图 3.6)两种类型。这两种类型在每一模拟列各有一个。开关电容模拟模块以一个轨至轨的、低漂移的、低噪声的运算放大器为核心,在其外围集成了多个由寄存器控制的多路选择器和 4 个(D 型 3 个)可由用户设定的开关电容网络。多路选择器用于选择模拟输入的参考电压和模拟输入信号的路由以及信号和开关电容的拓扑形式。4 个电容网络中的 3 个 Acap、Bcap 和 CCap 位于运放的输入端,被称为输入开关电容网络;而另一个电容网络 FCap 则被称为反馈开关电容网络。输入开关电容网络中输入电容的设定范围从 0~31 个电容单位(每个电容单位大约为 0.05 pF),反馈开关电容仅可设定 16 和 32 个电容单位。另外,每一个模拟列都有

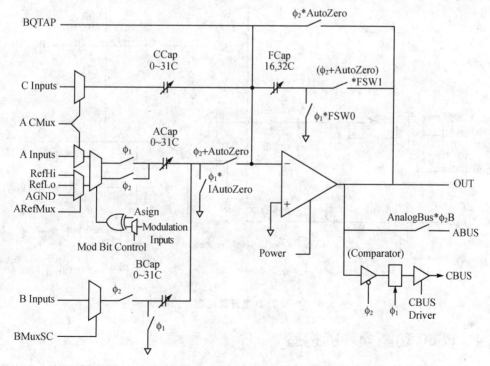

图 3.5　PSoC 的 C 型开关电容模拟模块

一个分频器将列时钟信号4分频产生ϕ_1和ϕ_2来控制模块里的十多个模拟开关,使它们同步协调工作,实现诸多的模拟功能。这个模块的输出也有3个出口,分别可以输出到模拟总线(ABUS)、比较总线(CBUS)和本地输出(OUT)。本地输出主要是用于和邻近的模拟模块相连。

D型的开关电容模拟模块和C型的开关电容模拟模块的区别是:D型没有CCap输入开关电容网络,但是它的BCap输入开关电容网络较C型有更大的灵活性。

基于开关电容理论的开关电容模块可以实现放大、比较、积分、微分、A/D等基本的模拟功能。而几个开关电容模块的组合,开关电容模块与连续时间模拟模块的组合,模拟模块与数字模块的组合使得PSoC对模拟、数字以及模数混合信号的处理能力变得非常强大。例如,在PSoC的集成开发环境Designer里已经可以提供的ADC用户模块的数量有数十个,ADC分辨率从6位到14位,转换速度从几个sps到50 ksps,ADC的种类有SAR、增量型和$\Delta-\Sigma$ ADC。同样,Designer可以提供的滤波器用户模块包括二阶和四阶的波特瓦尔兹、切比雪夫、贝塞尔滤波器和有低通、带通及带阻滤波器。模拟模块已经可以实现的功能还包括DAC、采样保持、调制解调、正弦波发生器和检测器、DTMF发生器、FSK调制及边带分离等。

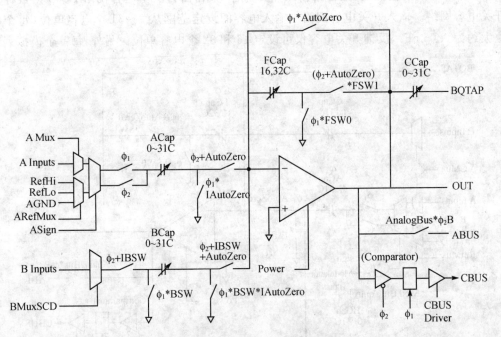

图3.6　PSoC的D型开关电容模拟模块

3.1.4　PSoC功能模块的构造

PSoC功能模块的构造是通过配置相应的寄存器来实现的。一个数字块有7个寄存器,一个模拟块有 4 个寄存器，用来构造模块的功能及输入信号的选择及输出信号的路由，并提供模块的状态信息。另外还有许多寄存器用于对全局的系统资源、模块的周边设备及多功能 I/O 口的配置。全局的系统资源包括时钟系统、电源管理系统、中断及其使能、模拟参考电压等；模块的周边设备包括排的输入和输出总线、全局的输入和输出数字总线、模拟的输入多路选择器、模拟总线、比较总线、数字和模拟的 LUT 等。有两种方式可以产生用户所希望的功能模块：第一种常用的功能模块，可以从 PSoC 的集成开发环境 Designer 所提供的用户模块集中选择，只要进行简单的参数设置即可实现。模块的调用，参数的修改，数据的采集可以直接调用 Designer 所提供的相应模块的 API 函数。第二种非常用的功能模块，用户可以自行直接设置模块寄存器的值、时钟信号的频率和输入输出的路由，生成用户自己独特的用户模块。

CapSense 触摸感应功能用户模块使用 PSoC 里的多个数字和模拟模块有机组合而成，并在软件的控制下使这些模块协调工作，通过电容感应的原理来检测在 PCB 板上某一个或多个感应铜箔的寄生电容的大小，以及当有手指触摸时这个电容的变化，进而使用软件算法来判断是否有手指触摸。

目前，Cypress 半导体公司的 CapSense 有 3 种触摸感应功能模块，它们分别是 CapSense CSD、CapSense CSA 和 CapSense CSR。这些模块都使用电容感应的原理，但实现的机理不一样，性能也有所差异，可使用在不同的场合。

3.2 CapSense 电容感应的基本概念

3.2.1 电容的物理基础

带电量 Q 的平板电容两端的电势 φ 为

$$\varphi = \frac{Q}{C}$$

其中，C 为平板电容。它与平板的面积 S 成正比，与两板之间的距离 d 成反比：

$$C = \frac{\varepsilon \varepsilon_0 S}{d}$$

其中，ε_0 为真空的介电常数（8.85×10^{-12} F/m）；ε 为介质的介电常数。

对于半径为 R 的单个球形物体，在覆盖了一层具有介电常数为 ε 的各向同性材料时，这个球体的电容值可以用下式表示：

$$C = 4\pi\varepsilon\varepsilon_0 R$$

对于具有任意尺寸的物体来说，电容的值难以计算。在许多情况下，电容值采用上式和某些等效半径 R 来计算。例如，对于直角边尺寸为 a、b、c 的矩形方块来说，其等效半径 R_e 可以定义成这些尺寸的算术平均值：

$$R_e = \frac{a+b+c}{3}$$

由此就可以根据某一物体的尺寸来大致评估其电容值。通过代入 $a=1.8\ \text{m}, b=0.4\ \text{m}, c=0.3\ \text{m}$ 的数值,可以估算出人体的电容值为 92 pF。此数值非常接近于用于静电放电(ESD)敏感度试验中的人体模型(HBM)所使用的 100 pF 的数值。

3.2.2 触摸应用人体的电容模型

在触摸感应应用中可以建立人体和触摸板的电容模型,如图 3.7 所示。该图的右边是它的等效电路。

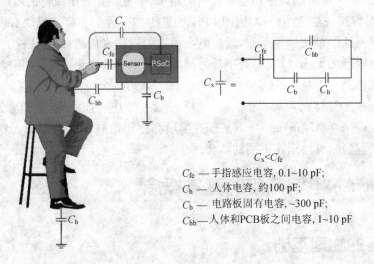

$C_x < C_{fe}$
C_{fe}——手指感应电容,0.1~10 pF;
C_h——人体电容,约 100 pF;
C_b——电路板固有电容,~300 pF;
C_{hb}——人体和PCB板之间电容,1~10 pF

图 3.7 人体和触摸板的电容模型

由图 3.7 的等效电路可以得到总的等效电容为

$$C_x = \left[\left(C_{hb} + \frac{C_h \times C_b}{C_h + C_b}\right)^{-1} + \frac{1}{C_{fe}}\right]^{-1}$$

对这个人体模型的深刻理解有助于明白:为什么有些使用电容触摸感应的手持式设备在调试时有好的触摸性能,但到了最后测试和量产时发现,当手持式设备用电池供电并放在桌子上,再用手触摸却不能得到期望的响应。

在一般的应用中,可以用手指和触摸板的电容模型简化和代替人体和触摸板的电容模型,如图 3.8 所示。

图 3.8 中底层的介质一般为 PCB 板、柔性电路板的基材,中间层为导电的铜箔,上层为绝缘的覆盖物。用于电容感应的传感器也就是图中的电容感应按键实际上就是一块接近手指大小的铜箔,它与地之间会存在一个寄生电容 C_P,当手指触摸电容感应按键时,由于手指是导电体,手指与电容感应按键就会产生一个感应电容 C_F,电容感应按键与地的电容就变为 C_x,用

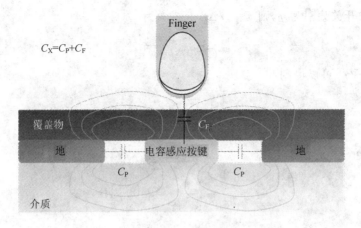

图 3.8 手指和触摸板的电容模型(剖视图)

公式表示为

$$C_X = C_P + C_F$$

由 CapSense 系统所测量的总电容 C_X 就是寄生电容 C_P 和触摸电容 C_F 的总和。

3.2.3 开关电容及等效电阻

CapSense 电容感应模块使用开关电容技术来测量感应电容。开关电容由电容 C、开关 ϕ_1 与 ϕ_2 组成,如图 3.9 所示。ϕ_1 和 ϕ_2 的工作示意图如图 3.10 所示。当 ϕ_1 闭合 ϕ_2 断开时有电流从 A 进入给电容 C 充电;当 ϕ_1 断开 ϕ_2 闭合时,电容 C 经 B 放电,ϕ_1 和 ϕ_2 开关由时钟电路控制,周而复始地工作。开关的频率就是时钟的频率。开关电容电路可以用一个电阻来等效它。

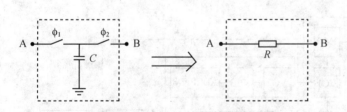

图 3.9 开关电容及其等效电阻　　图 3.10 开关电容 ϕ_1 和 ϕ_2 的工作示意图

开关电容的充电电流为

$$i = C \frac{\mathrm{d}v}{\mathrm{d}t}$$

在一个周期里电压的变化为

$$\Delta V = \frac{i \cdot \Delta t}{C}$$

如果开关电容的开关频率为 f，则 $f=1/\Delta t$，上式变为

$$\Delta V = \frac{i}{f \cdot C}$$

由欧姆定律 $R=V/i$ 可以得到

$$R = \frac{\left(\frac{i}{f \cdot C}\right)}{i} = \frac{1}{f \cdot C}$$

例如：$C_X = 20 \text{ pF}, t_{\phi_1} = 5 \text{ ms}, t_{\phi_2} = 5 \text{ ms}$，由 $f = \dfrac{1}{\Delta t_{\phi_1} + \Delta t_{\phi_2}}$ 和 $R = \dfrac{1}{f \cdot C}$ 可以得到

$$f = \frac{1}{5 \text{ μs} + 5 \text{ μs}} = 100 \text{ kHz}$$

等效电阻为

$$R_{eq} = \frac{1}{100 \text{ kHz} \times 20 \text{ pF}} = 500 \text{ k}\Omega$$

3.3 CapSense CSD 触摸感应模块

3.3.1 CSD 模块的硬件构造

CSD(CapSense Delta-Sigma)模块可以被划分为 6 个部分(见图 3.11)：

- 开关电容；
- Δ-Σ 调制器；
- 位流调制滤波器时钟；
- 时钟；

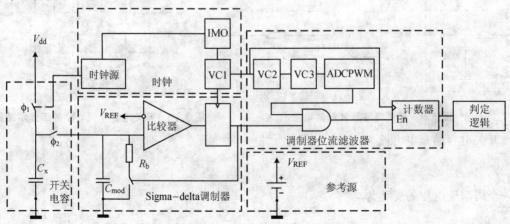

图 3.11 CSD 模块硬件构造图

- 参考源；
- 软件处理。

其中开关电容部分中的 C_x 是触摸感应按键本身所具有的寄生电容。Δ-Σ 调制器部分中的 C_{mod} 和 R_b 分别被称之为调制电容和放电电阻，它们是 CSD 模块仅有的两个外部元件。

1. 开关电容

开关电容的工作原理是将来自时钟部分的时钟信号二分频并建立死区控制产生 ϕ_1 和 ϕ_2 来控制 S_{w1} 和 S_{w2}。在 ϕ_1 阶段 C_x 通过 V_{dd} 充电，在 ϕ_2 阶段 C_x 通过 S_{w2} 放电给 C_{mod}，C_{mod} 被充电。ϕ_1 和 ϕ_2 交替工作，周而复始将在 C_{mod} 上建立电压 V_{mod}。由于 $C_{mod} \gg C_x$ 并且其上所有的电荷均来自 C_x，而 C_x 上的电荷均来自 V_{dd}，因此可以将开关电容等效成一个串接的电阻 R_c（见图 3.12），按照前面的开关电容理论，R_c 的大小为

$$R_c = \frac{1}{f_x C_x}$$

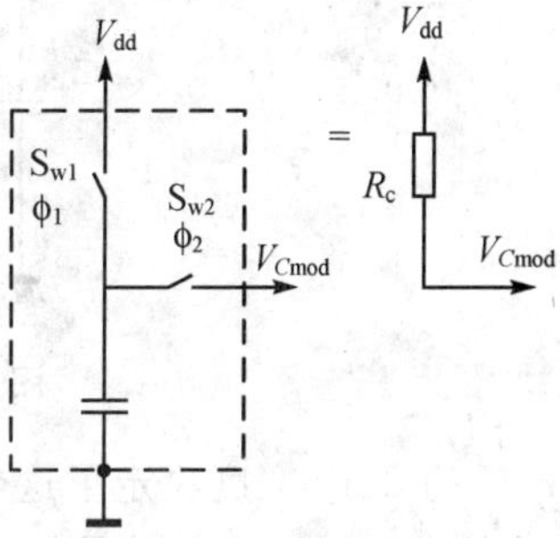

图 3.12 开关电容等效电路

其中，f_x 为 S_{w1}、S_{w2} 或时钟信号的频率。

2. Δ-Σ 调制器

这样就变成 V_{dd} 经 R_c 向 C_{mod} 充电，充电电流的大小与 R_c 成反比。当开关电容的时钟频率一定时，充电电流的大小与 C_x 成正比。

Δ-Σ 调制器用于产生一个与 C_x 相关的一位的位流。V_{dd} 经 R_c 向 C_{mod} 充电时，C_{mod} 上的电压 V_{Cmod} 逐渐上升，当超过比较器反向输入端的参考电压 V_{REF} 时，比较器翻转，输出高电平。这个高电平被锁存器锁存并用来控制 S_{w3} 闭合使 C_{mod} 经 R_b 放电。被锁存的时间由来自时钟部分的 VC1 决定，这个时间也决定了比较器输出高电平的宽度。当 V_{Cmod} 电压低于 V_{REF} 时，比较器翻转，输出低电平，S_{w3} 又断开，V_{Cmod} 电压随着充电又上升。这样周而复始使 V_{Cmod} 围绕 V_{REF} 上下波动，而 Δ-Σ 调制器输出一串位流脉冲（见图 3.13 中的 V_{mod}）。由于 C_{mod} 的放电时间是固定的（锁存器决定），而充电时间（即比较器输出低电平的时间）与 C_x 成反比。或者说位流脉冲的占空比与 C_x 成正比。经过计算，位流脉冲的占空比 d_{mod} 和 C_x 有如下正比关系：

$$d_{mod} = C_x f_x R_b \left(\frac{1}{k_d} - 1\right)$$

这样，就可以用一段时间里高电平所占的时间和来衡量 C_x。当手指触摸感应按键时，d_{mod} 或高电平所占的时间和将随着 C_x 的增加而增加。只要测量出一段时间里高电平所占的时间和的变化量就可以知道是否有手指触摸。

3. 位流调制滤波器时钟

位流调制滤波器正是用于测量一段时间里高电平所占的时间和。在图 3.14 中 ADC

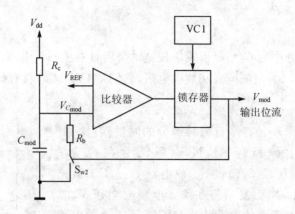

图 3.13 $\Delta-\Sigma$ 调制器及开关电容等效电阻 R_c

PWM 的 duty 宽度决定了这个"一段时间",而与门在这个时间段里 $\Delta-\Sigma$ 调制器输出的位流脉冲的高电平可以通过并打开计数器,对频率比较高的 VC1 信号进行计数(见图 3.15)。在 ADC PWM 的 duty 的下降沿产生中断信号,用中断服务程序读出计数器的值,得到高电平所占的时间和。这个值由软件处理即可判断有无手指触摸。

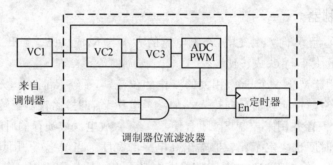

图 3.14 CY8C21x34 器件中使用的调制位流滤波器

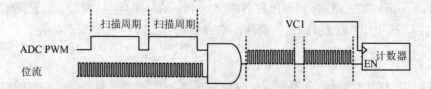

图 3.15 调制位流滤波器位流调制波形示意图

在 PSoC CY8C21x34 的芯片中使用的是基于 PWM 的调制位流滤波器(见图 3.11),而在 PSoC CY8C24x94 的芯片中使用的是另外一种调制位流滤波器来测量一段时间里高电平所占的时间和,它是基于 CY8C24x94 器件中提供的硬件采样滤波器的调制位流滤波器。采样滤波器也被称之为 Sinc^n 数字滤波器,使用这个滤波器的好处在于它不仅有可能节省芯片的模块资源,而且在同样的分辨率下可以缩短每一次扫描的时间,对噪声有很好的抑制作用。

采样滤波调制位流滤波器又有两种配置。一种是使用一阶的 Sinc 数字滤波器(见图 3.16),当 PRS16 作为开关电容扫描时钟的时候用。这时,它需要一个定时器来帮助确定一次采样的时间间隔。另一种是使用二阶的 Sinc^2 数字滤波器(见图 3.17),当 PRS8 或带有预分频器的 PRS8 作为开关电容扫描时钟的时候用。它不需要一个定时器,而是由采样滤波器里的采样计数器来确定一次采样的时间间隔,但这时它允许的分辨率只能是 8 位、10 位和 12 位。在这些分辨率下,采样滤波器每隔 128,256 和 1024 个 VC1 时钟间隔得到一次采样结果。采样滤波器在采样转换完成时产生一个中断。采样滤波器中断请求通过模拟列 1 的中断向量进行处理。配置中使用的高阶数字滤波器使它在相同分辨率下,比 PRS16 配置有更少的采样时间。在不同的运行模式下,选择合适的采样滤波器的配置可以使系统达到最好的性能。

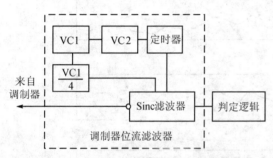

图 3.16 一阶的采样滤波调制位流滤波器

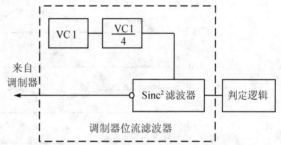

图 3.17 二阶的采样滤波调制位流滤波器

图 3.18 是 CSD 模块各节点波形图。

4. 时 钟

控制 ϕ_1 和 ϕ_2 的时钟通常来自主时钟 IMO 的 n 次分频信号,但在 CSD 中使用了伪随机信号发生器 PRS 来控制 ϕ_1 和 ϕ_2,它的好处不仅使 CSD 本身产生的干扰频谱扩散,也增强了 CSD 对外界的抗干扰能力。有 3 种伪随机信号发生器可以作为控制 ϕ_1 和 ϕ_2 的时钟:

- 16 位伪随机序列发生器(PRS16);
- 8 位伪随机序列发生器(PRS8);
- 带预分频器的 8 位伪随机序列发生器(PRS8)。

PRS16 使用 PRS16 模块作为时钟源。PRS16 提供了扩展频谱能力,并确保了对于外部噪声源的良好抗干扰性。此外,采用扩频时钟的设计方案的电磁辐射水平也较低。在用户应用的目标板通过 EMC/EMI 测试或必须在苛刻环境下提供可靠运行时,推荐采用 PRS16 配置。PRS16 由 IMO 直接提供时钟信号,此配置的平均时钟频率为 $f_{IMO}/4$,最大预充电开关频率为 $f_{IMO}/2$,或者说,对于 24 MHz IMO,最大预充电开关频率是 12 MHz。调节 PRS16 序列

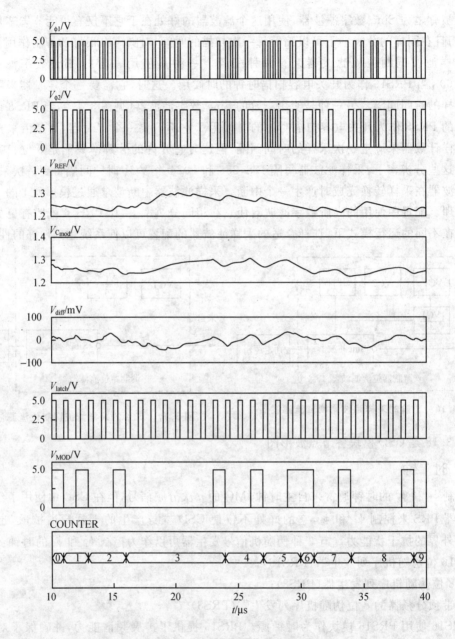

图 3.18 CSD 模块各节点波形图

重复周期与采样周期相匹配,可以避免信噪比变差的问题。它可以通过改变 PRS16 的周期来实现。

PRS8 使用 PRS8 模块作为时钟源。PRS8 由 IMO 直接提供时钟信号。PRS8 能够通过使用较短的伪随机发生器序列来节省 1 个数字模块。因此，采用 PRS8 的 CapSense 模块对于抗外部噪声干扰的能力比 PRS16 要差一些。

采用预分频器的 PRS8 使用了 8 位计数器作为 PRS8 时钟源，此计数器的来源是 IMO 时钟。预分频器让用户能够很容易地通过改变预分频器的计数器周期来调节时钟频率。这种基于预分频器的配置主要应用领域是采用高阻值材料的电容性感测，例如，使用在双层触摸屏显示器上敷设的薄型透明 ITO 薄膜来进行感测。基于预分频器的配置也可以在想要低感测频率时使用，例如，用于减少功耗或干扰信号的幅射。感测开关电容应当在每个预充电时钟相位（相位 ϕ_1 或 ϕ_2）期间进行完全的充电和放电。对于低阻值铜箔感应器来说，运行时采用数兆赫的时钟并不是问题。但是，在高频信号施加到电阻性材料（如 ITO 薄膜）时，感应电容的充电和放电瞬态过程就不能在时钟相位内完成。这种现象会导致所测得的电容数值下降和灵敏度变差。减小开关频率则有助于解决这些问题。

5. 参考源

用户模块支持对参考电压源的多种选择（见图 3.19）。

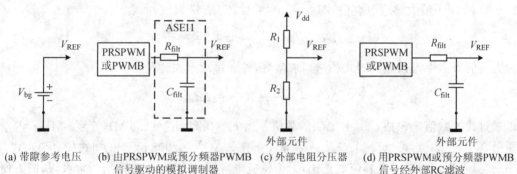

(a) 带隙参考电压　(b) 由PRSPWM或预分频器PWMB　(c) 外部电阻分压器　(d) 用PRSPWM或预分频器PWMB
　　　　　　　　　信号驱动的模拟调制器　　　　　　　　　　　　　　　　　信号经外部RC滤波

图 3.19　4 种参考源

6. 软件处理

CSD 模块软件用于实施在 ADCPWM 的 duty 下降沿产生中断信号时，用中断服务程序读出计数器的值，得到高电平所占的时间和，并且对每一个感应块进行重复和连续的扫描，用得到的计数值作为基本的数据进行有效的处理。这些处理主要包括建立和更新 Baseline，得到当前的计数值和 Baseline 的差，判断这个差是否超过设定的阈值和给出某个或几个感应块被触摸的信息。模块软件以多个 API 函数的方式给出，方便用户调用。

3.3.2 CSD 模块的数学原理

流过开关电容(或等效电阻)的电流可以采用下列公式来评估：

$$I_C = C_x f_x (V_{dd} - V_{Cmod}) \tag{3-1}$$

设参考电压与电源电压的比值为 k_d，则

$$V_{REF} = k_d V_{dd} \tag{3-2}$$

调制器输出位流占空比 d_{mod} 承载着有关感应电容数值的信息。流经偏置电阻的平均电流值如下：

$$I_{R_b} = \frac{d_{mod} V_{Cmod}}{R_b} \tag{3-3}$$

Δ-Σ 调制器能够通过保持调制器电容平均电压等于参考电压，来保持流过开关电容(或等效电阻)的平均电流接近或等于流经偏置电阻的平均电流。通过式(3-1)和式(3-3)并考虑式(3-2)，可以获得：

$$d_{mod} = C_x f_x R_b \left(\frac{1}{k_d} - 1 \right) \tag{3-4}$$

式(3-4)决定了最大感应电容值，即当 $d_{mod}=1$ 时，C_x 有最大值，或者

$$C_{xmax} = \frac{k_d}{1-k_d} \times \frac{1}{R_b f_x} \tag{3-5}$$

这种方法的分辨率可以通过对式(3-4)求微分，并通过求解来评估

$$\Delta C_x = \frac{k_d}{1-k_d} \times \frac{1}{R_b f_x} \Delta d_{mod} \tag{3-6}$$

可以通过代入数值来评估 C_{xmax} 和 ΔC_x 的数值。当 $k_d=0.25$，$R_b=1.6\ \text{k}\Omega$，$f_s=6\ \text{MHz}$，占空比测量分辨率为 12 位，可以得到：$C_{xmax}=34\ \text{pF}$，分辨率 $\Delta C_x=0.008\ \text{pF}$。正如式(3-4)和式(3-6)中所见，占空比与感应电容值成正比，无论感应电容值是多少，分辨率均为常数，从而方便了线性位置感测操作。

调制器能够将电容值转换成输出位流的占空比。占空比使用调制位流滤波器来进行测量。在采用 CY8C21x34 器件实现时，使用了基于计数器的滤波器。滤波器由 8 位硬件计数器和 1 个测量间隔成形电路构成。计数器可以通过软件处理最终计数溢出的方式而扩展至 16 位，以节约硬件资源。计数器使用了与调制器共用的 VC1 时钟信号。在调制器输出为低电平时，计数器保持状态，而在调制器输出为高电平时递减 1。

测量间隔成形电路采用了定时中断来读取计数器并开关计数器的启用输入信号，以防止计数器数值在读取期间变化。处于内部主振荡器(IMO)内的占空比测量间隔 N_m 取决于 VC1、VC2、VC3 和下列公式所决定的 ADCPWM 数值。

$$N_m = VC1 \cdot VC2 \cdot VC3 \cdot N_{ADCPWM} \tag{3-7}$$

VC1 数值可由用户模块的 API 进行改变以获得不同的传感器扫描速率。VC2 和 VC3 数值可

由用户模块 API 进行改变以在选定的扫描速度下获得不同的扫描分辨率。数字滤波器在每个 N_m IMO 循环内形成一个样本。分辨率由用户模块配置期间或运行期间的 VC2、VC3 和 ADCPWM 数值选择来设置。可供选择的位数从 9~16 位。

滤波器样本数值与总感应电容值 C_S 成线性正比。最大样本数值取决于 N_{max},即

$$N_{max} = VC2 \cdot VC3 \cdot N_{ADCPWM} \tag{3-8}$$

而

$$N_x = d_{mod} \cdot N_{max} \tag{3-9}$$

$$N = C_x f_x R_b \left(\frac{1}{k_d} - 1\right) \cdot VC2 \cdot VC3 \cdot N_{ADCPWM} \tag{3-10}$$

CSD 用户模块采用了 2 个中断:1 个用于扩展 8 位硬件计数器最大计数值的计数器溢出中断,另一个是 ADCPWM 中断。ADCPWM 的中断信号经由比较器至比较总线 0 产生中断。这个中断用于及时地获得位流滤波器的输出为高电平时计数器对 VC1 的计数,这个值被称之为原始计数值。

3.4 CapSense CSA 触摸感应模块

CY8C20XXX 系列 PSoC 芯片支持 CSA 触摸感应模块。

3.4.1 CSA 触摸感应模块的硬件构造和工作原理

图 3.20 是 CSA(CapSense Approximating)触摸感应模块的硬件构造框图,它包含了一个可编程的恒流源 I_{DAC}、开关电容电路、外部调制电容 C_{mod}、低通滤波器、比较器、16 位的计数器以及时钟和数据处理部分。

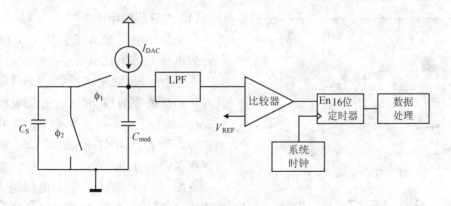

图 3.20　CSA 触摸感应模块的硬件构造框图

1. 开关电容电路

开关电容电路由感应电容 C_S 和开关 ϕ_1、ϕ_2 构成，在 ϕ_1 期间，感应电容 C_S 连接到 C_{mod}，I_{DAC} 对电容 C_{mod} 和 C_S 充电，充电的电荷将分布在这两个电容器之间，从而它们的电压相等，而且遵守公式 $Q=CV$。在 ϕ_2，ϕ_1 打开，ϕ_2 闭合期间，感应电容 C_S 接地，C_S 电容全部放电，C_{mod} 电容仍然由 I_{DAC} 电流源进行充电。这样在每个时钟周期内，就有一定数量的电荷 Q 将从 C_S 电容上放掉或流走。这时 C_S 将可以被等效成一个电阻 $R_{C_S} = 1/fC_S$，f 是开关的频率，如图 3.21 所示。

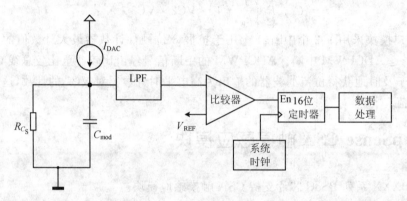

图 3.21 用等效电阻代替开关电容的 CSA 触摸感应模块的硬件构造框图

2. CSA 电路工作的三个阶段

CSA 电路整个工作分为三个阶段：第一，建立起始电压；第二，扫描阶段；第三，C_{mod} 放电和软件处理，如图 3.22 所示。

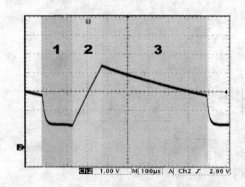

图 3.22 CSA 电路工作的三个阶段

(1) 建立起始电压

建立起始电压是为了使用一个比 V_{REF} 小一点的电压 V_{Start} 为扫描做准备。

在这个阶段，它使用的是一个已经找到并被存储的恒流源的值 I_{DAC}，由开关电容电路在 C_{mod} 上形成一个起始电压 V_{Start}。为了找到这个恒流源的值 I_{DAC}，在每一次启动 CSA 时必须通过逐次逼近的方法来寻找 I_{DAC}。

由图 3.23 可知，C_{mod} 上的电压与 I_{DAC} 的大小成正比，这样就可以根据比较器的输出和通过多次的逐次逼近来调节恒流源 I_{DAC}，使 C_{mod} 上的电压非常接近 V_{REF}。当 I_{DAC} 被找到以后，就将它的值减掉某一个固定的值(通常是 6),并将它存储起来,用它作为每一次建立起始电压阶段的 I_{DAC} 的值。用这个值建立起来的起始电压 V_{Start} 将会比 V_{REF} 略小一些。

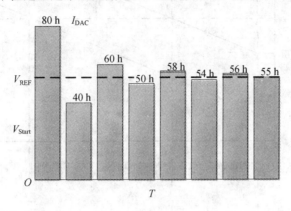

图 3.23 逐次逼近法寻找 I_{DAC}

(2) 扫描阶段

在扫描阶段,开关电路从总线上断开即 ϕ_1 被断开,用恒流源另一个合适的值 I_{idac} 直接给 C_{mod} 从起始电压开始充电,计数器开始工作;C_{mod} 电压通过低通滤波器连接到比较器,当 C_{mod} 电压达到参考电压时,比较器反转,计数器计数结束,由中断程序读取计数结果。这相当于一个单斜率的 A/D 转换器。

(3) C_{mod} 放电和软件处理

在 C_{mod} 放电和软件处理阶段,扫描结束,C_{mod} 放电,C_{mod} 电压下降,电压下降时间由软件控制,并在这时由软件对扫描结果进行处理判断有无触摸。这三个阶段结束就完成了一次扫描,这个过程对每个传感器都做一次,然后会进入下一次扫描。

当有手指或导体接近传感器时,传感器的感应电容 C_S 就会增大,感应电容的增加会导致等效电阻变小,等效电阻的减小意味着起始电压降低。不过要注意,C_{mod} 与感应电容 C_S 是并行连接的,所以等效电阻上的起始电压与 C_{mod} 上的电压是相等的。因此,当 C_{mod} 上的起始电压降低后,I_{DAC} 需要对 C_{mod} 充电更长时间才能超过比较器参考电压 V_{REF} 的电平和导致比较器翻转。这个到达比较器翻转的充电时间是由计数器按照单个振荡周期的个数进行计数的。由于在第二个阶段充电电流是相同的,要达到比较器参考电压就会需要更长的时间,计数器就会记录到更大的数据,如图 3.24 所示。CSA 就是根据这些计数结果对相应的数据处理来判断有无手指触摸。

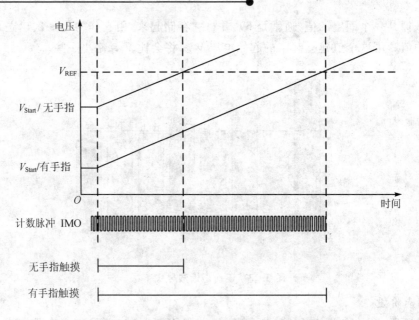

图 3.24 扫描阶段有手指和无手指时 C_{mod} 上的电压变化

3.4.2 CSA 触摸感应模块的数学理论

起始电压与 I_{DAC} 有如下关系：

$$V = \frac{1}{fC_{sensor}} I_{DAC} \tag{3-11}$$

在没有手指触摸时，C_{sensor} 等于感应铜箔本身的寄生电容 C_P，启动电压为

$$V_{Start} = \frac{1}{fC_P} \times I_{DAC} \tag{3-12}$$

当手指或导电物体放置在感应铜箔上时，电容值将从 C_P 变化到 $C_P + C_F$。这时，电容增加，起始电压值减小至：

$$V = \frac{1}{f(C_P + C_F)} I_{DAC} \tag{3-13}$$

一旦开关式电容器电路已经运行了足够的时钟周期使起始电压建立起来，则关闭该电路，起始电压被保持在 C_{mod} 电容上。事实上，由于在芯片内部的模拟总线上也存在一个对地的电容 C_{bus}，而它是和 C_{mod} 并联的，所以在考虑 C_{mod} 时必须加上这个电容。此电压随后在扫描阶段采用一个单斜率 A/D 转换器来测量。在 t_0 时刻，用恒流源 I_{idac} 对 C_{mod} 和 C_{bus} 进行充电。并由 16 位计数器来计数 IMO 时钟周期，直到电压从起始电压上升到设置为 1.3 V 的比较器参考电压。由 $V = Q/C$ 知道，A/D 转换器所测量到的时间值 t 与 C_{bus}、C_{mod} 电容值的大小有如下关系：

$$\frac{\Delta V}{t} = \frac{I_{idac}}{C_{bus} + C_{mod}} \tag{3-14}$$

求解 t 值,得到:

$$t = \frac{(C_{bus} + C_{mod})\Delta V}{I_{idac}} \quad (3-15)$$

转换成计数值时有

$$Counts = \frac{(C_{bus} + C_{mod})\Delta V}{I_{idac}} f_{IMO} \quad (3-16)$$

有手指在和没有手指在情况下的电压差异可以用下列公式来确定:

$$\Delta V = \frac{1}{fC_P} I_{DAC} - \frac{1}{f(C_P + C_P)} I_{DAC} \quad (3-17)$$

此公式可以简化成

$$\Delta V = \frac{C_F}{fC_P(C_P + C_F)} I_{DAC} \quad (3-18)$$

由式(3-18)和式(3-16)可以得到由于手指存在与否所产生的计数差:

$$\Delta Counts = \Delta n = \frac{C_F I_{DAC}}{C_P(C_P + C_F) I_{idac}} (C_{bus} + C_{mod}) \quad (3-19)$$

由于 $C_F \ll C_P$,所以由式(3-19)可以看到计数差与 C_F 近似成正比。此外,当 C_F 的最大值确定以后,增加 C_{mod} 和减少 I_{idac} 将有助于提高这个计数差,即提高检测的灵敏度。

3.5　CapSense CSR 触摸感应模块

CSR(CapSense Relaxation Oscillator)触摸感应模块的硬件构造,如图 3.25 所示。它由松弛振荡器和间隔计数器组成。

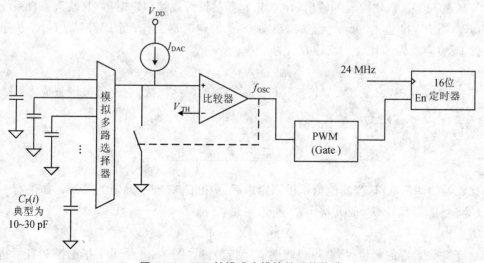

图 3.25　CSR 触摸感应模块的硬件构造

CSR 模块的模拟前端是一个松弛振荡器如图 3.26 所示。它包括一个比较器、一个可控制的恒流源、一个放电开关和外部的感应电容 C_P。它的工作过程是：使用恒流源以电流 i_{Charge} 对 C_P 充电,当 C_P 上的电压上升并刚好超过比较器的反向输入端的电压 $V_{TH}=V_{BG}(1.3\text{ V})$ 时,比较器翻转到高电平,控制复位开关闭合,C_P 迅速放电到零。比较器翻转恢复到低电平,恒流源以电流 i_{Charge} 再对 C_P 充电……这个过程周而复始,形成振荡。而振荡的周期近似于充电的时间,即

$$t_{\text{Charge}} = \frac{C_P V}{I_{i_{\text{Charge}}}}$$

间隔计数器如图 3.27 所示,它由一个 8 位的 PWM 和一个 16 位的定时器组成。它在实施的一段时间间隔(PWM 的 Duty)里,16 位的定时器对系统时钟计数。

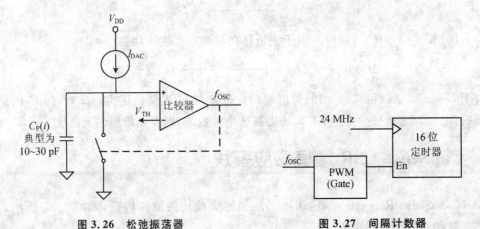

图 3.26 松弛振荡器   图 3.27 间隔计数器

PWM 的输入来自比较器的输出,16 位定时器被设置成捕捉定时器,其输入来自系统时钟 SYSCLK。当 PWM 进入 Duty 状态时,启动 16 位的定时器工作;当 PWM 的 Duty 状态结束时,捕捉 16 位定时器的计数。该计数值为

$$n = N_{\text{PERIODS}} \times t_{\text{Charge}} \times f_{\text{SYSCLK}}$$

其中,N_{PERIODS} 为当 PWM 为 Duty 状态时松弛振荡器的振荡次数,它的值被设置成 PWM 的周期值减 2。将 $t_{\text{Charge}}=\dfrac{C_P V}{i_{\text{Charge}}}$ 代入上式有：

$$n = \frac{N_{\text{PERIODS}} \cdot C_P V_{BG} \cdot f_{\text{SYSCLK}}}{i_{\text{Charge}}}$$

V_{BG} 为比较器的阈值电压,当其他值都被固定以后,n 和 C_P 有唯一确定的关系。如果有手指触摸时,C_P 将变化到 C_P+C_F,而 n 将由 n_1 变化到 n_2：

$$\Delta n = n_2 - n_1$$

当 Δn 大于预先设定的阈值时,就可以表明有手指触摸。图 3.28 是无手指触摸和有手指触摸

对应松弛振荡器的波形、PWM 及定时器计数值变化的示意图。

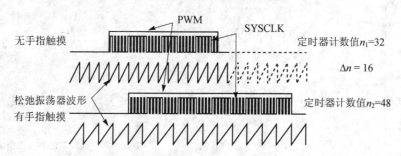

图 3.28 有无手指触摸对应松弛振荡器的波形和 PWM 及定时器计数值变化的示意图

由于计数值 n 与 C_P 成正比,所以 C_F 产生的变化 Δn 与 n 的比值为 $\dfrac{\Delta n}{n}=\dfrac{C_F}{C_P}$ 或

$$\Delta n = \dfrac{C_F}{C_P} n$$

Δn 的数值必须足够大,才能获得合理的分辨率来明确地指示出感应器上是否有触摸。这就要求 C_F 和 C_P 有合适的比例,n 的值可以通过改变 PWM 的周期 N_{PERIODS} 和恒流源的充电电流 i_{Charge} 来获得合适的分辨率。

3.6 基本线的概念和算法

CapSense 触摸感应模块的一个重要组成部分是它的软件处理和算法。无论是 CSD、CSA 还是 CSR,它都是通过扫描来得到各个感应器在一段时间间隔里的计数值,并通过软件对这个计数值是否变化和怎样变化来判断有无手指的触摸。一般把通过扫描得到感应器在一段时间间隔里的计数值称之为原始计数值(raw count 或 raw data)。CapSense 模块的软件处理中其他所有重要的变量(如基本线 baseline 和差值 difference)都是由原始计数值派生出来的。由于电路噪声的存在,温度和湿度及其他外界环境的变化,对应同一个感应器每一次扫描所得到的原始计数值几乎是不可能为同一个值,它通常会在一个有限的噪声范围内波动。当有手指触摸时,这个值相对噪声的大小会有一个大的跳变,当手指离开时,它又回落到原来的噪声范围内继续波动(见图 3.29)。当这个跳变超过预先设定的手指阈值时,认为有手指触摸;反之则认为是一个大的噪声或干扰信号。为了能正确地得到这个跳变值的幅度,而又不至于产生误触发,就有必要建立一个基本线的值。用它来作为每一次跳变幅度的参考,进而得到差值与手指阈值比较。

基本线必须具有以下特征:

> 基本线必须能够跟踪原始计数值的变化趋势而又不会跟随原始计数值快速地上下波动;

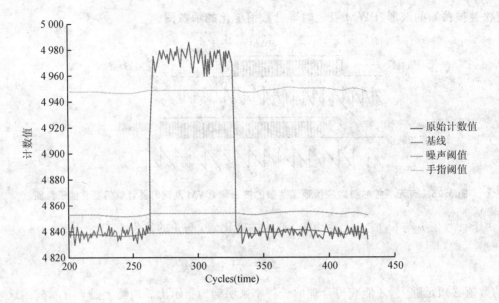

图 3.29　有无手指触摸的原始计数值和基本线的动态变化图

- 当有手指触摸时基本线应保持不变；
- 基本线应有相对的稳定性，当原始计数值表现出有大的噪声或干扰时，虽然它没有超过手指阈值，基本线的值也要保持不变；
- 当原始计数值向下有一个跳变时，基本线要能够快速地跟下去。这对手指按住感应器时启动电路，然后放掉手指时尤其重要。

在 CapSense 触摸感应技术中使用两种基本线算法，它们是 IIR 滤波更新和水桶原理更新。

1. IIR 滤波更新

在基本线更新时 IIR 滤波使用上一次 $\frac{3}{4}$ 基本线的值加本次 $\frac{1}{4}$ 原始计数值作为本次基本线的值：

$$本次基本线的值 = \left(\frac{3}{4} \times 上一次基本线的值\right) + \left(\frac{1}{4} \times 本次原始计数值\right)$$

基本线的更新周期在 1~255 之间可以调节。为了使基本线有相对的稳定性，设置了另一个参数，就是噪声阈值（noise threshold）。当每一次得到原始计数值时，如果它与基本线的差小于噪声阈值并且基本线的更新周期已经减到零，则进行基本线的更新；否则就不进行基本线的更新。图 3.30 是采用 IIR 算法的基本线更新及噪声阈值和手指阈值随着基本线更新而相应变化的曲线图。

IIR 算法的基本线更新可以很好地跟踪原始计数值的变化趋势，其跟踪的速度可以由更新周期来调节。在温度变化较快的场合可以减小更新周期的值来加快它的跟踪速度。它也有相对的稳定性,在有手指和大的噪声或干扰时可以保持不变。但当原始计数值向下有一个跳变时,IIR 算法的基本线更新不能够快速地跟下去(见图 3.31),就需要在用户的应用程序里另外进行处理。

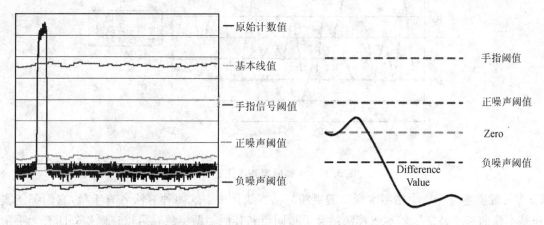

图 3.30　采用 IIR 算法的基本线更新及噪声阈值和手指阈值相应变化图

图 3.31　按着手指启动电路然后释放手指

2. 水桶原理更新

在水桶原理更新算法中同样使用噪声阈值,并且正的噪声阈值和负的噪声阈值分别设定。另外它还定义了一个基本线更新阈值参数,这个基本线更新阈值相当于一个水桶。当前计数值减去基线的差小于噪声极限值时,将这个值在水桶中累加;当水桶值达到或超过这个用户设定的基线更新阈值参数,基本线值自动加 1,水桶值清零并继续开始累加;当这个差值小于零,也就是当前计数值小于基本线时,基本线值便立即更新为当前计数值。图 3.32 是水桶原理的基本线更新的一个例子。基准线更新阈值参数的可选范围是 0~255。

比较 IIR 算法的基本线更新算法,可以看到 IIR 算法的基本线沿着原始计数值波动的中心来进行跟踪;而水桶原理更新算法中基本线是沿着原始计数值波动的底部来进行跟踪。由于基本线向上时的水桶效应,基本线向下跟踪原始计数值的波动响应速度比向上的响应速度要快得多。这在有些场合是非常有利的,例如在温度突然降低时(产品高低温测试时)和手指按住感应器启动电路时,它能很好地进行跟踪。向上的跟踪速度可以根据具体的应用通过改变基本线更新阈值参数即水桶的大小来调节。水桶原理更新算法的不足之处在于当原始计数值受到某种干扰出现向下大的波动或跳变时容易出现误触发,通过调节负的噪声阈值和低值基本线复位可以得到适当的改善。如果通过调节负的噪声阈值和低值基本线复位参数还不能满足要求,则需要在用户的应用程序中增加另外的算法来实施改善。

CapSense 在 CSR 触摸感应模块中使用 IIR 滤波算法的基本线更新算法,而在 CSD 和

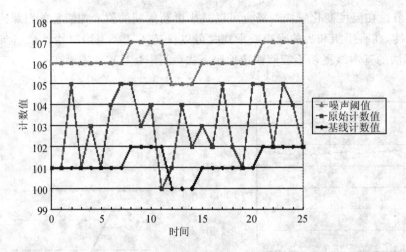

图 3.32 水桶原理基本线更新图

CSA 的触摸感应模块中使用水桶原理更新的基本线算法。这两种算法各有千秋,它们都能实现基本线的基本特征。基本线算法结合手指阈值和其他辅助参数就可以正确地判断有无手指的触摸。

3.7 CapSense 模块的参数和 API 函数

CapSense 触摸感应模块使用多个参数设置,以方便用户根据产品的应用环境、所使用的材质和属性来选择最合适的参数,使 CapSense 触摸感应模块工作在最佳的状态和拥有最好的性能。

3.7.1 CSD 触摸感应模块参数

CSD 触摸感应模块有 16 个可选参数:

- 手指阈值(finger threshold);
- 噪声阈值(noise threshold);
- 去抖动(debounce);
- 基线更新阈值(baseline update threshold);
- 负噪声阈值(negative noise threshold);
- 低值基本线复位(low baseline reset);
- 感应器自动复位(sensor auto reset);
- 迟滞(hysteresis);
- 扫描速度(scan speed);

- 分辨率(resolution);
- 调制器电容引脚(modulator capacitotr pin);
- 反馈电阻引脚(feedback resistor pin);
- 参考电压(reference);
- 参考电压值(ref value);
- 预分频器周期;
- 屏蔽电极引出(shield electrode out)。

1. 手指阈值和迟滞

手指阈值结合迟滞用于程序判断是否有手指触摸。当原始计数值减去基本线的差值超过手指阈值加迟滞，则认为有手指触摸；当这个差值从有触摸状态减少到手指阈值减迟滞的值时，则认为手指已经释放，如图3.33所示。迟滞用于滤除手指触摸在临界状态时的抖动。手指阈值的确定与触摸的灵敏度有直接关系，这个值设得越高，灵敏度越低，反之越高。

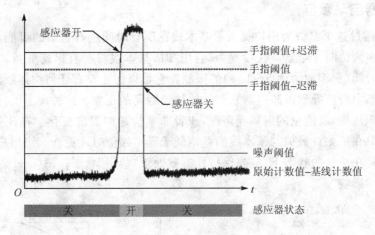

图 3.33 手指阈值、噪声阈值和迟滞示意图

2. 噪声阈值

对于每一个感应器来说，该参数设置了一个值，当原始计数值在此数值以上，基本线将不进行更新。对于滑条感应器来说，原始计数值在此数值以下，结果将不计入中心点的计算中（详见滑条的中心点计算）。

3. 负噪声阈值和低值基本线复位

负噪声阈值参数与低值基本线复位参数配合使用。如果在规定的采样次数（低值基本线复位）内，原始计数值低于基本线减去负噪声阈值，则基本线不进行更新；反之，如果原始计数值连续低于基本线减去负噪声阈值的次数超过了规定的采样次数，则基本线设置为新的原始计数值。这两个参数实际上对异常低的原始计数值进行计数,如果原始计数值保持在一个相对低的状态达到足够长的时间,则认为外界环境已经发生变化,基本线参数必须调整更新。此参数通常用于调整"启动时手指放上"的状况。原始计数值低于基本线而高于基本线减去负噪声阈值时,则基本线按水桶原理立即进行更新。

4. 基线更新阈值

定义水桶大小的参数,可选的数值为 0~255。较大的参数数值能够产生较慢的基本线更新速度。如果需要更为频繁的基本线更新,则要降低此参数。

5. 去抖动

仅当原始计数值减去基本线的差值连续超过手指阈值加迟滞的次数等于去抖动中设置的次数,则认为有手指触摸;否则,认为可能是一个抖动或干扰。可选的值为 1~255,设置值为 1 时没有去抖动功能。

6. 感应器自动复位

CSD 模块通过这个参数为用户提供了基本线在所有时间进行更新的可能,不只是在原始计数值低于噪声阈值时才更新。在设置为"启用"时,基本线将一直保持更新。这个设置值有一个最大持续时间(典型数值为 5~10 s)的限制。它可以防止没有任何物体触碰到感应器时,原始计数值突然上升所导致的感应器永久性地被误触发的现象。这种突然上升的原因可能是较大的供电电压波动,高能量的射频噪声源,或者非常快速的温度变化。在此参数设置为"禁用"时,基本线只在原始计数值与基本线的差值低于噪声阈值时才更新。当用户不希望将感应器长时间被保持在按住的状态下,应当保持此参数处于"禁用"状态。图 3.34 说明了此参数对于基本线更新的影响。

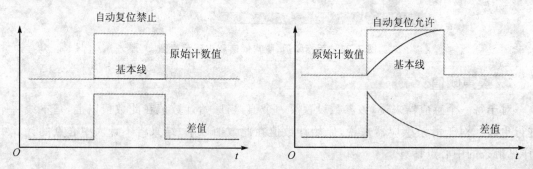

图 3.34 感应器自动复位设置"禁止"与"启用"时基本线和差值的变化图

7. 扫描速度

此参数影响到传感器的扫描速度。可用的选择项有:超快(ultra fast)、快(fast)、正常

(normal)、慢(slow)。它对应于 VC1 的分频系数 1,2,4,8。较慢的扫描速度提供了下列优点：
- 改善信噪比；
- 对供电和温度变动具有更好的抗干扰性；
- 对于系统中断延迟的需求更少，用户可以处理更长的中断。

8. 分辨率

此参数决定了以二进制位为单位的扫描分辨率。感应器可以在扫描时采用 9~16 位的分辨率。对于 N 位的分辨率来说，扫描的最大原始计数值为 2^N-1。

提高分辨率可以改善触摸检测的灵敏度和信噪比。在接近检测时可以使用高分辨率。采用 16 位分辨率、慢速扫描模式以及 20 cm 的导线，可以检测到 20 cm 或更远处的手的触摸。降低分辨率可以减少每一次扫描所花的时间即提高扫描速度。分辨率的设置会自动影响 VC2、VC2 的分频系数和 ADCPWM 的 Duty。

表 3.1 给出了主系统时钟以 24 MHz IMO 运行，采用 PRS8 的预分频器配置，以 μs 为单位的扫描时间，对应于不同的扫描速度和分辨率。

表 3.1 不同的分辨率和扫描速度对应的扫描时间 μs

分辨率/位 \ 扫描速度	超快	快	正常	慢
9	60	85	150	255
10	85	150	255	510
11	150	255	510	1 020
12	255	510	1 020	2 040
13	510	1 020	2 040	4 080
14	845	1 700	3 380	6 760
15	1 530	3 060	6 120	12 100

9. 调制器电容引脚和反馈电阻引脚

此参数设置用于连接外部的调制器电容(C_{mod})的引脚和用于连接反馈电阻(R_b)的引脚。从其中引脚 P0[1]、P0[3] 可以选择作为连接外部的调制器电容的引脚；而 P1[1]、P1[5]、P3[1] 引脚可以选择作为连接外部反馈电阻的引脚。这两个引脚一旦被确定则不能再作为其他功能的 I/O 来使用。

调制器电容的推荐值为 4.7~47 nF。通过试验可以选择最优电容值以获得最大信噪比。用户可以采用若干个电容值来试验，以达到在选择反馈电阻后获得最佳信噪比。最好使用陶瓷电容，电容的温度系数并不重要。电阻值取决于总传感器电容值 C_S。电阻值选择如下：
- 监测不同传感器触摸操作的原始计数值；
- 选择的电阻值要能够在所选定的扫描速率下提供约少于满量程读数 30% 的最大读数。当电阻数值增加时，原始计数值也增加。

根据传感器电容值，典型的 R_b 为 500 Ω～10 kΩ。

10. 参考电压和参考电压值

参考电压用于设置调制器的参考电压来源，参考电压值用于设置所使用的参考电压来源的参考电压的数值。参考电压源来自模拟调制器（ASE11）或外部的经滤波 PWM/PRSPWM 信号（来自 AnalogColumn_InputSelect_1 及 RC 滤波器）时，参考电压的值可选 0～8。其中 0 对应 $V_{dd}/4$，而 8 对应于 3$V_{dd}/4$。在参考电压值增加时，灵敏度下降；反之灵敏度可以提高。用其他参考电压来源时，此数值没有什么意义。

11. 预分频器周期

该参数只可用于选择带预分频器的 8 位伪随机序列发生器（PRS8）作为调制器开关时钟的配置。它用于设置预分频器的周期，预分频器周期数值的范围是从 1～255。若要获得最大的信噪比（SNR），可选的数值为 2^N-1。

12. 屏蔽电极引出

屏蔽电极主要应用在防水的系统中（详见第 7 章）。信号源可以从空闲数字排总线 Row_0_Output_1～Row_0_Output_3 之一进行选择。由排总线可路由到任何 3 个引脚。设置行 LUT 函数为 A。

3.7.2 CSA 触摸感应模块参数

CSA 触摸感应模块有 13 个可选参数：
- 手指阈值（finger threshold）；
- 噪声阈值（noise threshold）；
- 去抖动（debounce）；
- 基本线更新阈值（baseline update threshold）；
- 负噪声阈值（negative noise threshold）；
- 低值基本线复位（low vaseline reset）；
- 感应器自动复位（sensor auto reset）；
- 迟滞（hysteresis）；
- 建立时间（settling time）；
- 恒流源设置（IDAC setting）；

- 外部电容引脚(external cap);
- 高层 API(high level API);
- 时钟(clock)。

其中大部分参数与 CSD 模块相同。下面是 5 个不同的参数:

1. 建立时间

建立时间参数控制着 C_{mod} 电容上的电压值至扫描转换阶段的持续时间。这个参数设置值控制着一个能够让 C_{mod} 和 C_{bus} 电容值上的电压稳定下来建立起 V_{Start} 的软件延迟。这个循环的每次迭代占用 9 个 CPU 周期。可选的值是 2~255。推荐设置值如下:

建立时间参数的推荐设置值	时钟设置值			
	IMO	IMO/2	IMO/4	IMO/8
1.5 MHz CPU	20	40	80	160
3 MHz CPU	40	80	160	255
6 MHz CPU	80	160	255	255
12 MHz CPU	160	255	255	255

2. 恒流源设置

恒流源 I_{idac} 电流控制着单斜率模数转换器充电斜坡电压的斜率。在采用上表所列出的推荐设置值时,信噪比与 I_{idac} 设置值无关。因此,I_{idac} 设置值只对于调节信号计数范围有用。此计数测量值将在各个芯片之间有所不同。如果采用了外部 1 000 pF 的电容器,则计数数值在各芯片之间的差异可以达到 18%。如果没有外部电容器,则计数数值在各芯片之间的差异可以达到 13%。因此,推荐在开始时针对每个感应器对 I_{idac} 设置进行校准,让各芯片之间的计数水平差异保持均同。这样要求用户调节 baDACCodeScan 数组的数值,它可能设置的数值为 1~255。

恒流源 I_{idac} 设置的推荐值是 3(没接外部电容器时)和 20(有外部电容器时)。

3. 外部电容引脚

用于选择连接外部 C_{mod} 电容的 PSoC 引脚。在有些情况下它不是必须的,因为 PSoC 内部的模拟总线本身对地有一个电容 C_{bus},它可以取代 C_{mod}。但如果在手指触摸时,原始计数值的变化与噪声的比值(即信噪比 S/N)小于 5 时必须使用外部电容 C_{mod}。因为,C_{mod} 电容可以增加电容到电压转换过程中的抗噪声性能并且增加灵敏度。外部电容引脚可选的项目为无、P0[1]和 P0[3]。

4. 高层 API

高层 API 的设置可选项是"启用"或"禁用"。该参数设置为禁用,可以节省 RAM 和

ROM 资源,因为,它在生成库函数时将不包含用户模块所提供的高层 API。除非用户需要使用较多的 RAM 和 ROM 资源,而又不需要高层 API 时,选择"禁用",一般情况应选择"启用"。

5. 时 钟

开关电容的等效电阻 $R_\text{C} = \dfrac{1}{f \cdot C_\text{S}}$。较高的开关电容时钟的频率可以减少感应器的等效电阻。如果感应器的面积很大,意味着 C_S 比较大时,再使用较高的时钟频率,则它的等效电阻对于开关式电容电路,在使用逐次逼近的方法来实施自动校准功能的范围就有可能太窄了。在触摸板(行/列)或大面积的接近感应检测的应用中也将会遇到灵敏度下降的问题。在这种情况下,起始电压 V_Start 将会比比较器阈值电压低很多。因此使用较大的 IMO 分频比(即降低时钟频率)可以增加等效电阻的值,对大的电容做出补偿。然而在一般情况下,这个参数还是应该选择默认的 IMO。

3.7.3 CSR 触摸感应模块参数

CSR 触摸感应模块只有 6 个可选参数:
- 手指阈值(finger threshold);
- 噪声阈值(noise threshold);
- 去抖动(ESD debounce);
- 基本线更新速率(baseline update rate);
- 中断 API(interrupt API);
- 中断分派方式(int dispatch mode)。

前面的 4 个参数与 CSD/CSA 基本类似。只是 CSR 不使用水桶原理更新基本线,所以,它的基本线更新速率只是定义一个值,当扫描的次数等于这个值,基本线就按 IIR 滤波算法更新一次。后面两个参数的含义如下:

1. 中断 API

这个参数允许有条件地生成用户模块的中断处理程序和中断向量表入口。选择"启用"可生成中断处理程序和中断向量表入口。选择"禁用"将不会生成中断处理程序和中断向量表入口。在那些使用重配置而且有多个重配置使用同一模块资源的项目中,特别推荐要正确地选择是否要生成中断 API。通过在必要时选择生成中断 API,可以避免生成中断分配代码,从而减少程序开销。

2. 中断分派方式

当同一模块在不同的配置上共享某个中断时,中断分派方式用于规定怎样处理中断请求。选择 ActiveStatus 时,在执行共享的中断请求之前,系统提供的软件会先测试哪一个配置被激活。而选择 OffsetPreCalc 则不用测试,直接找到最初定义的中断源进入中断服务程序。

上面两个参数仅当在 PSoC 的集成开发环境中选择"启用中断控制(enable interrupt generation control)"才有效。

3.7.4 CapSense 模块的 API 函数

CapSense 用户模块应用程序接口(API)子程序是用户模块的一个重要组成部分。让用户的代码能够使用用户模块的 API,而无需了解其实现细节,设计人员能够在更高层次上与 CapSense 模块打交道。CapSense 用户模块 API 分为 3 个层次。基本 API 用于启动和停止用户模块,它包含了模块所用到的所有寄存器的初始化。低层 API 用于扫描所有的感应器并获得每一个感应器中的原始计数值。低层 API 可被高层 API 和某些其他的低层 API 调用。高层 API 用于后处理,包括灵敏度调节和手指检测。对于滑条感应器或触摸板阵列,高层 API 还包含了对双倍法下滑条感应器的位置求解、位置插值和分辨率比例缩放等算法。所有的 API 都可以通过 C 语言或汇编的方式来调用。下面给出用 C 语言调用的函数。

1. CSD 模块的 API 函数

void CSD_Start()

初始化模块寄存器并启动用户模块。在调用其他任何用户模块函数前应当先调用此函数。

void CSD_Stop()

停止感应器扫描器,禁用内部中断,并调用 CSD_ClearSensors()复位所有感应器的状态。

void CSD_ScanSensor(BYTE bSensor)

扫描所选定的感应器。bSensor 是感应器的编号。每个感应器在感应器数组内都有一个编号,此编号由 CSD 向导程序按顺序进行分配。Sw0 为传感器 0,Sw1 为传感器 1,依此类推。

void CSD_ScanAllSensors()

通过调用针对每个感应器的索引调用 CSD_ScanSensor()来扫描所有配置好的感应器。

void CSD_UpdateSensorBaseline(BYTE bSensor)

基本线采用"水桶原理"进行更新。原始计数值减去上一次基本线的差值存储在 CSD_waSnsDiff[]数组内可供用户的应用程序使用。

void CSD_UpdateAllBaselines()

用它来更新所有感应器基本线的值。

BYTE CSD_bIsSensorActive(BYTE bSensor)

以给定编号的感应器的手指阈值结合滞后为参考,对该编号的感应器用差值数组中对应编号的差值与手指阈值进行比较。用比较的结果来判断该感应器是否被激活,即是否有手指触摸。如果该感应器被激活,数组 CSD_baSnsOnMask[]内相应编号的位将被置 1,否则清零。

返回值:激活返回 1,否则返回 0。

BYTE CSD_bIsAnySensorActive()

以各自手指阈值为参考,对所有感应器检查差值数组中所有的差值与手指阈值的比较结果。通过对每个感应器调用 CSD_bIsSensorActive(),实现对数组 CSD_baSnsOnMask[]的更新。

返回值:激活返回 1,否则返回 0。

WORD   CSD_wGetCentroidPos(BYTE bSnsGroup)

该函数只有在 CSD 向导程序中定义了滑条时可用。它用于计算手指触摸滑条时的中心位置。

参数:bSnsGroup 定义滑条组编号。可选的值为 1 和 2,即在一个项目中最多可以有两个滑条。

返回值:手指触摸滑条时的中心位置或 0xFFFF(异常)。

void CSD_InitializeSensorBaseline(BYTE bSensor)

初始化选定编号的感应器的基本线的值。它通过用该编号对应的原始计数值复制到该编号对应的感应器基本线数组 CSD_waSnsBaseline[bSensor]元素中来实现该基本线的初始化。

void CSD_InitializeBaselines()

初始化所有感应器的基本线的值。它通过把所有的原始计数值复制到对应的感应器基本线数组 CSD_waSnsBaseline[bSensor]各个元素中来实现所有基本线的初始化。

void CSD_SetDefaultFingerThresholds()

设置缺省的手指阈值,即将手指阈值参数数值送入 CSD_baBtnFThreshold[]数组。

void CSD_SetScanMode(BYTE bSpeed,BYTE bResolution)

设置扫描速度和分辨率。此函数可以在运行时调用以改变扫描速度和分辨率。此函数能够覆盖掉用户模块中预先设定的扫描速度和分辨率参数设置值。有些场合可以通过该函数来对不同的感应器采用不同的扫描速度和分辨率来获得相同的灵敏度。该函数可以与 CSD_ScanSensor()函数配合使用。

参数:bSpeed 和 bResolution 为定义扫描速度和分辨率。

void CSD_SetRefValue(BYTE bRefValue)

设置参考电压值。只有参考电压来自模拟调制器,即参数设置值为 ASE11 或来自外部经滤波的 PWM/PRSPWM 信号时有效。可选的数值为 0~8。数值 0 对应于能够提供最大灵敏度的最小参考电压。数值 8 设置了最大的参考电压并导致较低的灵敏度。此函数可以与 CSD_ScanSensor()函数配合使用。

参数:bRefValue 为设置扫描参考电压的数值。

void CSD_ClearSensors()

通过对每个感应器顺序调用 CSD_wGetPortPin()和 CSD_DisableSensor()来使所有的感应器进入不采样的状态。

WORD CSD_wReadSensor(BYTE bSensor)

读取指定编号感应器的原始计数值。

返回值:指定编号感应器的原始计数值,最低有效字节(LSB)在寄存器 A 内,最高有效字节(MSB)在寄存器 X 内。

WORD CSD_wGetPortPin(BYTE bSensorNum)

返回给定感应器的端口编号和该感应器的屏蔽码。返回数值通常被传递至 CSD_EnableSensor()、CSD_DisableSensor()。

参数:bSensorNumber 为感应器的数量值。此范围为 $0 \sim n-1$,n 为感应器的总数。

返回值:感应器位图,端口编号。

void CSD_EnableSensor(BYTE bMask,BYTE bPort)

配置所选定的感应器在下一个扫描周期内执行扫描操作。端口和感应器可以使用 CSD_wGetPortPin()函数进行选择,将端口编号和感应器屏蔽位分别送入寄存器 X 和寄存器 A。端口的驱动模式被设置成模拟高阻,并启用正确的模拟多路复用器总线输入。

参数:感应器位图,端口编号。

void CSD_DisableSensor(BYTE bMask,BYTE bPort)

禁用由 CSD_wGetPortPin()函数所选定的感应器。该感应器对应端口的驱动模式改变为强输出,并置该端口为低电平。这样会让感应器有效地接地。从端口引脚至模拟多路复用器总线的连接断开。此函数参数来自 CSD_wGetPortPin()函数的返回值。

参数:感应器位图,端口编号。

2. CSA 模块的 API 函数

void CSA_Start()

对每个感应器的感应电容到电压进行转换以得到合适的 I_{DAC} 电流值并将其存储。在扫描时可以用该电流值产生起始电压 V_{start}。从模拟多路复用器总线上断开所有感应器引脚,所有感应器引脚均连接到地,连接 C_{mod} 电容器至系统。

void CSA_Stop()

禁用 CapSense 模块。调用 CSA_ClearSensors 从模拟多路复用器总线上断开所有感应器引脚并且将其连接到地。

void CSA_ScanSensor(BYTE bSensor)

扫描指定的感应器以获得它的电容值的对应原始计数值。这个子程序假设在被执行前调用了 CSA_Start()函数。当这个子程序被调用以后,它将一直等待 CapSense 模块中断产生,并且执行模块的中断服务程序 CSA_ISR 完毕,随后将来自 16 位计数器的数值,即原始计数值传送至 waSnsResult 数组。

void CSA_ScanAllSensors()

通过调用针对每个感应器的索引调用 CSA_ScanSensor() 来扫描所有配置好的感应器。

void CSA_ClearSensors()

用于每一个感应器的 CSA_DisableSensor。感应器引脚从模拟多路复用器总线上断开并连接到地。

WORD CSA_wReadSensor(BYTE bSensor)

读取指定编号感应器的差值。

返回值：指定编号感应器的差值，最低有效字节（LSB）在寄存器 A 内，最高有效字节（MSB）在寄存器 X 内。

下列高层的 API 函数的作用和功能与 CSD 相同。

WORD CSA_wGetPortPin(BYTE bSensor)

void CSA_EnableSensor(BYTE bMask, BYTE bPort)

void CSA_DisableSensor(BYTE bMask, BYTE bPort)

void CSA_UpdateSensorBaseline(BYTE bSensor)

void CSA_UpdateAllBaselines()

BYTE CSA_bIsSensorActive(BYTE bSensor)

BYTE CSA_bIsAnySensorActive()

BYTE CSA_SetDefaultFingerThresholds()

void CSA_InitializeSensorBaseline(BYTE bSensorNum)

WORD CSA_wGetCentroidPos(BYTE bSnsGroup)

3. CSR 模块的 API 函数

void CSR_Start()

初始化模块寄存器。其中包含的寄存器用于设置 PWM 和 Counter16 工作模式及同步模式；设置初始的 I_{DAC} 电流；设置路由连接；设置模拟总线（AnalogMuxBus）开关为关。

void CSR_Stop()

禁用 CSR 模块。

void CSR_StartScan(bStrtSns, bSnsCnt, bMode)

设置 PWM 的周期和高电平脉冲宽度；设置 PWM 和 Counter16 的数据输入和时钟连接以及开始对于单个感应器或一组感应器的扫描。这 3 个参数允许扫描在感应器序列的任何位置开始执行，并且随后一次性或连续性地按顺序扫描选定数量的按键。扫描模式 0 用于执行对已选定感应器的单次扫描。扫描模式 1 用于执行连续扫描。这个子程序假设在自己执行前已经调用了 CSR_Start 函数。在 PWM 计数递减至零时，这个 PWM 模块的中断会触发 CSR_

Scan_ISR 子程序,将原始计数值的数据从定时器传输至 iaSnsResult 数组。

  参数:bStrtSns 扫描感应器的起始序号。

     bSnsCnt 扫描感应器的个数。

     bMode   扫描方式 0:单次扫描;1:连续扫描。

void CSR_StopScan()

  通过关闭扫描状态标志位,以一种有序的方式停止感应器的扫描过程。这样可以在当前寻址到的感应器周期完成后,而不是在周期中间停止扫描过程。

BYTE CSR_bGetScanStatus()

  返回扫描状态。下面给出了状态指示位以及它们相应的位码:

  CSR_SCAN_CONTINOUS/~CSR_SCAN_ONCE 对应的位码是 0x01;

  CSR_SCAN_ACTIVE 对应的位码是 0x10;

  CSR_SCAN_SET_COMPLETE 对应的位码是 0x20。

void CSR_SetDacCurrent(BYTE bValue,BYTE bRange)

  设置用于松弛振荡器的恒流源电流 I_{DAC} 的大小。它分高低两个区域范围,在高范围,每个计数大约为 $1.1~\mu A$;在低范围,每个计数约为 69 nA(高范围值的 1/16)。I_{DAC} 电流和感应器电容值决定了松弛振荡器的频率。CSR_Start() 子程序采用了一个默认值,在调用 CSR_Start() 之后由 CSR_SetDacCurrent() 来设置,可以取代原来的电流默认值。

  参数:bValue 可选值:0~255。

     bRange 0:低范围;1:高范围。

void CSR_SetScanSpeed(BYTE bDivider)

  设置按键扫描的速度。PWM 用于振荡器周期个数的计数。在 PWM 比较寄存器内设置的数值就是实际的周期个数的计数。在 PWM 周期寄存器内设置的数值包含了周期数量加用于中断停止 PWM 运行所需的 2 个字的余量。扫描速度可在调用 CSR_Start() 后由 CSR_SetScanSpeed() 设置来取代默认值。

  参数:bDivider 取值范围 3~255。

  下列 API 函数的作用和功能与 CSD 相同。

  void CSR_ClearSensors()

  WORD CSR_wReadSensor(Byte bSensor)

  WORD CSR_wGetPortPin(BYTE bSensorNum)

  void CSR_EnableSensor(BYTE bMask,BYTE bPort)

  void CSR_DisableSensor(BYTE bMask,BYTE bPort)

  下面是两个高层的 CSR 模块的 API 函数。

BYTE CSR_bUpdateBaseline(bSnsGroup)

  这一个函数对所有的感应器要完成 5 个任务:

- 差值计算；
- 决定感应器的状态(有或无触摸)；
- 峰值检测；
- 基本线更新；
- ESD 检测。

差值计算：如果原始计数值＞(基本线＋噪声阈值)，则差值＝(原始计数值－基本线值)；否则，差值＝0。

决定感应器的状态：如果(差值＞手指阈值)，则感应开关＝ON；否则感应开关＝OFF。这里手指阈值包含正和负的迟滞。

峰值检测：用于有滑条并使用倍增法来节省芯片的 I/O 口，提高滑条的分辨率时，检测滑条上几个连续的感应块的差值超过噪声阈值并找到一个峰值。

基本线更新：使用前面提到的 IIR 滤波算法更新。

ESD 检测：用于检测是否有 ESD 引起突发的正和负的跳变并将其滤除掉。

参数：bSnsGroup 组编号。0：感应按键组；1 或 2：第 1 或第 2 组滑条。

返回值：fIsFingerPresent。0：没有手指信号超过阈值；1：有手指信号超过阈值。

WORD CSR_wGetCentroidPos(bSnsGroup)

该函数用于获得滑条中心位置。检查滑条各个感应器的差值，如果存在某个活动感应器，则该感应器在组内的位置和差值的值存储在临时变量内，中心位置的分辨率在 CSR 向导程序里规定。

参数：bSwGroup 滑条的组编号。为 0 或 1。

返回值：滑条的位置数值。

3.8 三种模块的比较

表 3.2 给出了三种模块在各个方面的性能比较。

表 3.2 三种模块的性能比较

性　能	CSD	CSA	CSR
扫描速度	快(速度可调)	最快(速度可调)	一般(速度可调)
功耗	低	最低	低
噪声抑制性能	优秀	好	一般
计数值与电容变化的线性关系	线性	非线性	线性
灵敏度与 C_P 的关系	线性	指数	线性
芯片封装尺寸	小(5 mm×5 mm)	最小(3 mm×3 mm)	小(5 mm×5 mm)

续表 3.2

性　能	CSD	CSA	CSR
调试和校准	容易,更多的弹性	容易,小的弹性	容易,更多的弹性
可测量 C_P 和 C_F 的范围	最宽	宽	宽
占用的模块资源	3 个数字模块,3 个模拟模块	专用 CSA 模块	3 个数字模块,3 个模拟模块
需要设置的参数数量	多	中	少
覆盖物大于 3 mm 时的灵敏度	好	最好	好
对使用 LCD 逆变器的抗干扰性能	非常好	不推荐使用	差
防水性能(使用保护电极)	有	没有	没有
设计在白电产品中的性能	最好	好	一般
设计在计算机产品中的性能	最好	好	一般
设计在手机产品中的性能	好	最好	好
用于触摸板时的性能	好	最好	一般

表 3.3 给出了三种模块的主要设置参数和这些参数的设置对系统的调试和性能的影响,以及这些参数的可设置范围和它们在 PSoC 芯片中的存在方式。

表 3.4 给出了三种模块的单位灵敏度和可测量最大电容公式。

表 3.3　三种模块的主要设置参数及它们的影响和作用

	扫描参数	影　响	作用程度	可选范围	参数位于
CSD	扫描速度	基本线,灵敏度	粗调	4 级	RAM 变量
	分辨率	基本线,灵敏度	细调	8 级	RAM 变量
	C_{mod} 引脚	小的影响	小的影响	2 个引脚可选	系统寄存器
	放电电阻 R_b	基本线,灵敏度	粗调	1～3 个引脚可选,与 I2C 引脚有冲突	系统寄存器
	参考电压源选择	灵敏度,抗电源电压跳变影响		可选 3 个参考电压源	ROM
	参考电压值	灵敏度	细调	8 级(当 V_{ref} = ASE11/External Filter)	RAM 变量
CSA	C_{mod} 引脚	基本线,灵敏度	细调	3 个引脚可选	系统寄存器
	I_{DAC} 值设置	基本线,灵敏度	细调	1～255,I_{DAC} 单位值	RAM 数组变量
	建立时间	噪声	比较小	2～255	ROM
	时　钟	基本线,灵敏度	粗调	4 级	系统寄存器

续表 3.3

扫描参数			影响	作用程度	可选范围	参数位于
CSR	（主要通过函数来设置）	CSR_SetDacCurrent()	基本线，灵敏度	细调	1～255,有2个I_{DAC}单位值可选	RAM 数组变量
		CSR_SetScanSpeed()	基本线，灵敏度	粗调	3～255	RAM 数组变量

表 3.4 三种模块的单位灵敏度和可测量最大电容

感应方法	灵敏度/分辨率（法拉/计数）	可测量最大电容（法拉）
CSD	$\dfrac{1}{f_x R_b \left(\dfrac{1}{k_d}-1\right) 2^{N_{RES}}}$	$\left(\dfrac{k_d}{1-k_d}\right)\dfrac{1}{f_x R_b}$
CSA	$\dfrac{I_{DAC} C_s^2}{I_{DAC} C_{bus} F_{IMO}}$	$\dfrac{V_{REF} F_{IMO} C_{bus}}{I_{DAC}}$
CSR	$\dfrac{i_{Charge}}{N_{PERIODS} \cdot V_{BG} \cdot F_{IMO}}$	$\dfrac{i_{Charge}}{V_{BG} F_{IMO}} 2^{16}$

第 4 章
触摸按键、滑条、触摸板和触摸屏

传统机械按键的使用方式已经深入人心,机械按键给人的力学反馈是触摸按键所不能提供的,这不禁让人担心触摸按键的交互性是否不好。其实这种担心是没有必要的,PSoC 芯片为用户提供了其他的选择。

PSoC 内部有丰富的数字和模拟资源,CapSense 电容触摸感应只用到了其中的一部分,剩余的资源可以用来进一步增加系统功能和优化系统设计。如图 4.1 所示,用 PSoC 来连接不同的外设,可以为用户提供听觉反馈(蜂鸣器),触觉反馈(马达)或视觉(LED)反馈,而驱动这些外设都可以用 PSoC 内部资源来实现,无需或仅需少量的分立元件。

在资源不够用的情况下,甚至可以利用 PSoC 的动态重配置功能(见第 9 章),分时地使用 PSoC 内部的硬件资源,以达到资源利用的最大化。PSoC 的这种应用方式也是它区别于其他电容式触摸感应技术的重要特点。

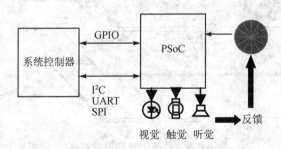

图 4.1　PSoC 实现与用户的交互

触摸式感应的人机交互由于不需要机械结构,相比传统的机械按键和薄膜按键有着不可比拟的优势。按键的基本性能如行程,操作力和机械寿命主要是由按键的类型和材料决定的。使用 CapSense 的触摸式感应按键,量化控制,导航,面板等都是电容式的感应,无需机械结构,表面覆盖一般是不导电的塑料、有机玻璃等有机材料,非常耐用,操作也只需要轻轻碰触。所以,电容感应的人机界面克服了传统按键的众多缺陷,是许多人机界面方案中使用寿命最长的。

触摸感应的应用方式通常有触摸按键、滑条、触摸板和触摸屏。虽然使用高灵敏度的电容感应技术(如 CapSense)也可以作接近检测,这里仅讨论触摸按键、滑条、触摸板和触摸屏。

4.1 触摸按键

使用电容感应技术,设计师可以把传统的机械按键换成电容式的触摸感应按键。这样可以增加设计的灵活性。因为电容式感应按键可以隐藏在一块完整的表面下边,不需要像机械按键那样需要预留机械部件运动的空间。在有些便携式产品上,设计师希望能在产品上赋予自然的灵性,比如像贝壳一样的 MP3 播放器、像卵石一样的手机,用电容式开关取代机械按键可以在最大程度上还原设计师的构思,让产品外观具有浑然天成的效果。

图 4.2 是一个触摸式按键的设计实例,机壳是完整的一块表面,没有开孔,也没有凹凸,机壳上的提示字符是灯光透过局部透明材料的效果。PCB 板上的敷铜连接到 PSoC 的引脚上构成电容感应电路,敷铜中间打孔使灯光能够通过。LED 灯位于 PCB 板的底面边缘,通过导光板及反光板的共同作用形成一个平面光源,透过 PCB 的漏光孔打到机壳上。内部机构比普通机械按键复杂,但是从外观上看非常的简洁明快,有质感。

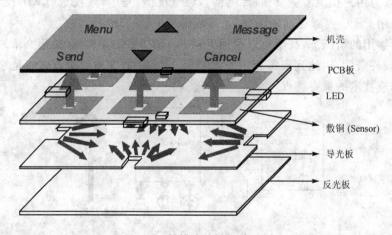

图 4.2 触摸式按键设计实例

1. 触摸按键的大小和形状

产品外观的设计,内部结构的限制,人们的使用习惯都会影响触摸按键的大小和形状的定义。触摸按键的大小和形状与它本身的触摸灵敏度和噪声大小休戚相关。图 4.3 是一种典型的触摸按键的形状设计,圆形的铜箔感应块,外面铺地。感应块和铺地之间有间隙,间隙的大小与寄生电容 C_P 成反比。

触摸按键的大小如何确定?一般地讲,触摸按键感应块的大小与手指的大小相仿为宜。因为,手指触摸而产生的手指触摸电容 C_F 与手指和按键感应块的相对面积成正比。所以,如果按键感应块太小,手指触摸而产生的电容变化 C_F 就会变小,影响灵敏度。但按键感应块相对手指太大,对 C_F 的贡献并不会增加,只是增加了按键感应块的触摸区域,如图 4.4 所示。图 4.5 是一些可选按键感应块的形状。其中上排的感应块由两个指叉组成,这两个指叉中的一个作为感应器连接到 PSoC 芯片的 I/O 口上;另一个被连接到地。这种设计可以有效地增加感应块对地的寄生电容 C_P,它通常被用于单面板,上面的覆盖物很薄及由于 C_P 太小而导致噪声太大的应用中。

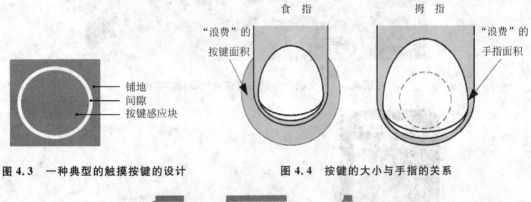

图 4.3 一种典型的触摸按键的设计　　图 4.4 按键的大小与手指的关系

图 4.5 可选按键感应块的形状

图 4.6 是一个圆形触摸按键感应块的实例,它采用双面板设计,上面使用圆形的感应块加铺地,背面放置芯片、元件和走线。感应块的中间开小孔,背面小孔处放置 LED 灯,用于当手指触摸时点亮,使用户通过视觉感到有一个触摸的响应。

按键中间开孔的方式也常被用于背光的设计中。如在手机的触摸键盘的应用中比较常用。图 4.7 是一种手机触摸按键感应块的设计。由于手机的键盘区域比较小,按键感应块相对手指会比较小。如果用于背光的孔再开得比较大的话,对应手指触摸的 C_F 会减少,对灵敏度会有一定的影响,需要更高的灵敏度参数来保证它的灵敏度。

2. 多触摸按键的实现

许多应用要求按键的数量很多,当 PSoC 芯片用于触摸感应的 I/O 口资源不够时,可使用矩阵式键盘,它是一种利用有限 I/O 资源控制多按键的结构键盘。

图 4.6　一个圆形触摸按键感应块设计的实例

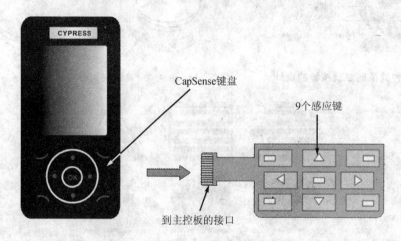

图 4.7　一种手机触摸按键感应块的设计

由图 4.8 可以知道机械式矩阵键盘的工作原理。矩阵式键盘由行线和列线组成,按键位于行、列线的交叉点上,其结构如图 4.8 所示。由图可知,一个 4×4 的行、列结构可以构成一个含有 16 个按键的键盘。显然,在按键数量较多时,矩阵式键盘比独立式按键键盘要节省很多 I/O 口。

矩阵式键盘中,行、列线分别连接到按键开关的两端。当有键按下时,连接按键的行、列线将连通,这是识别按键是否按下的关键。矩阵式键盘中的行线、列线和多个键相连,各按键按下与否均影响该键所在行线和列线的电平,各按键间将相互影响,因此必须将行线、列线信号配合起来作适当处理,才能确定闭合键的位置。

利用矩阵键盘设计原理以及 PSoC 电容感应原理,触摸式键盘也可设计成相同的样式。如图 4.9 所示,16 个按键中,每一个按键都设计成两块上下分立结构的感应片,以上片为行,

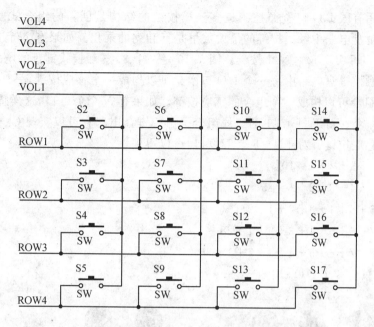

图 4.8 矩阵式键盘结构图

下片为列,把每一行组合的上片连接起来,把每一列的下片连接起来,4 行 4 列分别连接到电容感应 I/O 口。根据 PSoC 电容感应原理,手指接触感应片时须接触到感应片以及地端,从而产生附加感应电容。设计的触摸式键盘上下分立结构的感应片之间以及周围都铺上铜并且连接到地端。当有手指接近或接触时,分立的两片感应片所连接的 I/O 可以同时检测到电容值变化,从而识别该组合,效果等同于矩阵按键。

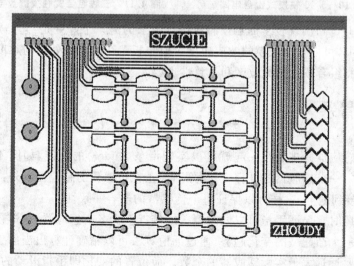

图 4.9 矩阵式触摸键盘电路

另一种利用有限I/O口资源控制最多触摸按键的结构是创新的组合式触摸键盘电路。在矩阵式触摸键盘电路中触摸按键的最大数量是行和列的乘积。如果有N行、M列,则$N+M$个I/O口最多可实现$M×N$个按键。图4.10是一个$3×3$触摸式键盘的电路设计。

在组合式触摸键盘电路中每一个I/O口本身可以构成一个感应按键,另外每个I/O口与其他I/O口的组合可以构成一个组合的感应按键。如果有N个I/O口,这样感应按键的数量可以有$C_N^1+C_N^2$个。对于图4.11的三线组合式触摸键盘电路它可以实现$C_3^1+C_3^2=3+2+1$共6个触摸式感应按键。对于4~8个I/O口,可以得到:

$C_4^1+C_4^2=4+3+2+1=10$

$C_5^1+C_5^2=5+4+3+2+1=15$

$C_6^1+C_6^2=6+5+4+3+2+1=21$

$C_7^1+C_7^2=7+6+5+4+3+2+1=28$

$C_8^1+C_8^2=8+7+6+5+4+3+2+1=36$

36个感应按键只要8个I/O口!

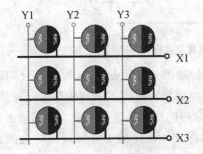
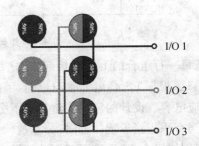

图4.10 $3×3$触摸式键盘电路　　图4.11 三线组合式触摸键盘电路

使用较少的I/O口实现较多的触摸感应按键带来的另一个好处是:它缩短了一次扫描所用按键的扫描周期,可以提高触摸的响应速度。但布板走线和软件处理的难度要适当增加,而且独立感应按键和组合按键的灵敏度和一致性也要差一些。

4.2　触摸滑条

将多个电容感应器并排放在一起就可以实现滑条(slider)的功能,如图4.12所示,PSoC芯片按顺序感测每一个感应器的电容变化,除当前正在被感测的感应器以外,其他的感应器都在PSoC内部连接到地上,这样可以保证每个传感器的电容一致性。

滑动条在布局时需保证手指可以同时覆盖或接近至少2个感应器,这样在图4.12的计数值曲线上会呈现一个凸起型的变化趋势,通过插值算法可以精确计算出当前手指的中心位置,此位置的分辨率要远远大于实际感应器的个数。而位置的变化即手指滑动的方向和位移即可以转化成用户的输入信息。

1. 滑条的形状和软功能键

改变滑条的排列形状可以使滑动条呈现各种各样的线条,从而美化产品的外观。图 4.13 至图 4.15 是几种圆形滑条的感应器排布。根据工业设计的需要,滑条还可以在外观上体现为扇形、椭圆形及波浪形等。滑条不但提供了一种新的 UI 输入方式,还在产品外观上增加了必要的美学点缀,使设计更富有神秘感。

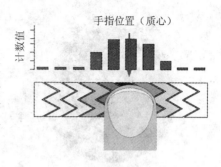

图 4.12 滑动条工作原理

滑条除了可以实现滑条本身的功能,如音量的调节,菜单的快速移动,它还可以实现软功能键(见图 4.16)。所谓软功能键就是定义滑条的某一个或几个区域具有按键功能,即在被定义的区域感测到手指触摸后很快释放的动作便认为是一次按键的操作。这样使滑条的功能得到了拓展。图 4.17 和图 4.18 给出了圆形闭环滑条上、下、左、右和中心软功能键的定义及手指触摸时被激活的感应块的示意图。

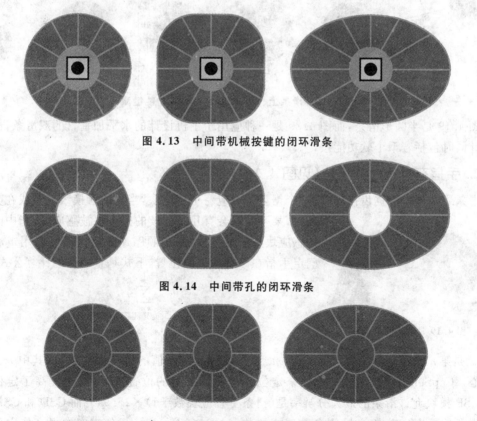

图 4.13 中间带机械按键的闭环滑条

图 4.14 中间带孔的闭环滑条

图 4.15 中间带触摸按键的闭环滑条

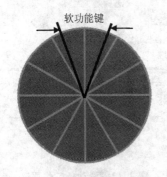

图 4.16 圆形滑条和软功能键定义

图 4.17 圆形闭环滑条上、下、左、右和中心软功能键定义

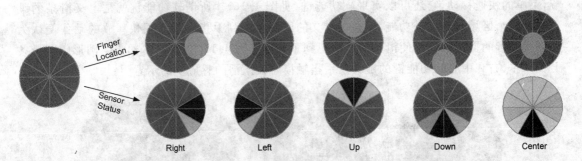

图 4.18 圆形闭环滑条上、下、左、右和中心软功能键激活示意图

图 4.19 是半圆形滑条,而图 4.20 是一种应用于手机设计的水平加垂直的双滑条设计,这个设计同时包括若干个软功能按键。

2. 手指在滑条上的定位(见图 4.21)

滑条通常被做成锯齿排列,每一个锯齿条对应一个感应块,当手指触摸滚动条或在其上移动时,某一时刻会有几个连续的感应块被感应,手指中间对应的感应块感应量最大,两边顺序递减。这就可以用重心法来确定手指在滚动条上的位置,下式是重心法的计算公式。

图 4.19 半圆形滑条

$$\overline{n} = \frac{\sum_{n=i}^{m} n \cdot a_n}{\sum_{n=i}^{m} a_n}$$

这里 a_n 是第 n 个滑条感应块上的差值,$m-i$ 是超过噪声阈值的感应块的数目(其中 $m>i$),$\overline{n}$ 为重心。CapSense 模块用这种算法来定位手指在滑条上的位置,它同时也提高了定位的精度。CSR 模块允许滑条的最大分辨率是(滑条上感应块数-1)$\times 15.94$。而 CSD 和 CSA 模块允许滑条的最大分辨率高达(滑条上感应块数-1)$\times (2^{16}-2^{-8})$。分辨率的提高使它可以应

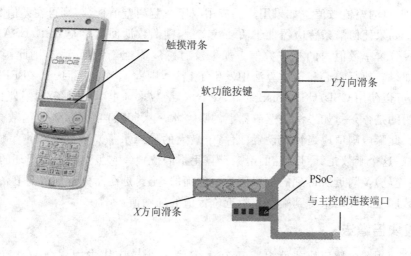

图 4.20　一种水平加垂直的双滑条

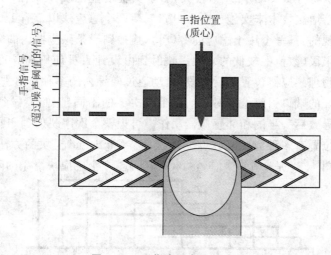

图 4.21　手指在滑条上的定位

用在需要高分辨率的场合。函数:

    CSD_bGetCentroidPos(bSwGroup)
    CSA_bGetCentroidPos(bSwGroup)
    CSR_bGetCentroidPos(bSwGroup)

用于计算手指在滑条上的定位并返回定位值。

bSwGroup 选择 1(第一个滑条)和 2(第二个滑条)。

此函数通过将原始计数值减去正的噪声阈值来修改差值。此函数应在每次扫描后调用一次,以避免获得负的差值数值。如果用户的应用程序在监测差值计数,则可在差值数据传输后调用此函数。如果任何滑条感应器处于活动状态下,则函数返回从零至CSD/CSA/CSR向导程序里所设置分辨率数值内的相应数值。如果没有感应器处于活动状态,则此函数返回-1(FFFFh)。如果在执行重心和倍增算法中发生了错误,则此函数也返回-1(FFFFh)。需要的话,用户也可以使用CSD/CSA_blsSensorActive()函数来确定哪些滑条分段被触摸了。

需要说明的是:第一,如果滑条感应器上的噪声水平大于噪声阈值,则此函数会产生虚假的中心结果。此噪声阈值应当仔细设置(略高于最大的噪声水平),以防止噪声生成虚假的中心结果。第二,这个函数是针对线性的滑条计算手指的位置。它虽然也适用闭环的滑条,但在端点(首尾相连处)及附近所得到的位置值是不准确的,尤其是在高分辨率情况下,它需要通过修改这个函数底层的代码来得到端点及附近位置值的准确值。

3. 感应块倍增法

由于需要使用多个感应块才能组成一个滑条,而一个感应块占用一个I/O口,在有的情况下(滑条比较长)这将导致I/O的开销很大,影响其他功能的实施。在CapSense模块里用户可以选用感应块倍增法技术来实施一个I/O口对应两个感应块以节省I/O口资源。

它是这样来实现的:每一个用于感应的I/O口,连接到滑条感应器内的2个物理感应块位置。物理位置的前半段(数值上较低的),顺序映射到由设计人员使用向导程序所分配和指定顺序的端口引脚。物理感应器位置的后半段,自动通过向导内的一种算法进行重新排序,并映射到向导程序所分配的端口引脚上。对于前后半段次序的不同排列,要做到让相邻感应器在前一半的动作不会导致后一半的相邻感应器动作。再把整个次序映射到印刷电路板上。对于后半段物理感应器位置有多种方法来建立它的次序。CapSenae模块的方法是按隔3的方式进行索引编制的。图4.22是一个使用6个I/O口实施12个感应块滑条的隔3排列次序图。

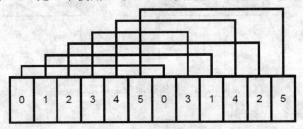

图4.22 感应块倍增法物理感应器的次序排列

当手指触摸滑条前一半内的感应器时,会有连续几个(≥2)感应器被激活,被激活的感应器的排列次序也是连续的。这时如果对应后半段,则被激活的感应器的次序将不对应后半段的排列次序,它是离散的。反之,当手指触摸滑条后一半内的感应器时,连续几个被激活的感应器的排列次序其后半段的排列是连续的,而按前半段的排列就变成离散的了(见图4.23和图4.24)。通过感测相邻被激活的感应器集合可以决定手指的位置是位于滑条的前半段还是后半段,再用重心法求解手指在滑条的确切位置。

根据感应器位置及印刷电路板的走线,某些感应器对可能需要较长的走线。这样就形成了不同的走线电容值并导致灵敏度存在差异。这种差异可以用高层 API 内所提供的灵敏度调节子程序来作出补偿。感应器倍增法排列索引表由向导程序在用户选择倍增法时自动生成。

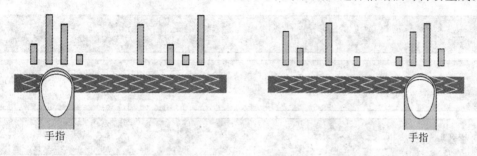

图 4.23 手指触摸滑条前半段时的信号　　图 4.24 手指触摸滑条后半段时的信号

图 4.25 给出了 6 个 I/O 口 12 个感应块、8 个 I/O 口 16 个感应块和 10 个 I/O 口 20 个感应块实施倍增法时的隔 3 排列次序。

6 pin12感应块	8pin16感应块	10 pin 20感应块
0	0	0
1	1	1
2	2	2
3	3	3
4	4	4
5	5	5
0	6	6
3	7	7
1	0	8
4	3	9
2	6	0
5	1	3
	4	6
	7	9
	2	1
	5	4
		7
		2
		5
		8

图 4.25 倍增法排列次序

CapSense 模块不仅可以实现触摸按键和滑条功能，还可以在一个系统里用一个 PSoC 芯片同时实现这两个功能。图 4.26 是一个应用于笔记本计算机的 4 个触摸感应按键和 1 个滑条的设计应用。它不仅实施按键和滑条功能，还实现几个 LED 灯的控制，并使用 I^2C 接口和主控板通信。图 4.27 是这个应用的电原理图。

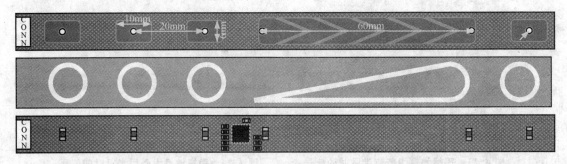

图 4.26　4 个触摸感应按键和 1 个滑条

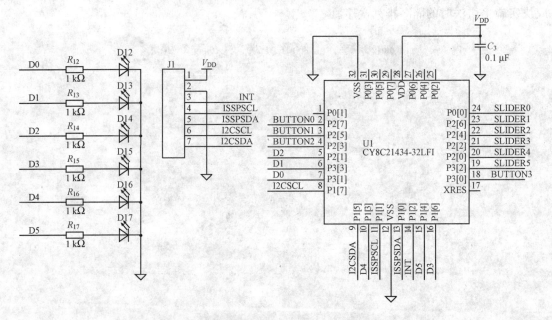

图 4.27　4 个触摸感应按键和 1 个滑条的电原理图(使用 CSR 模块)

4.3　触摸板

二维的滑条就构成了触摸面板。它是将水平滑条的每一个感应块在垂直方向上拉伸，而将垂直滑条的每一个感应块在水平方向上拉伸,为了使水平和垂直滑条在一个平面上均匀分布,将水平滑条做成多个菱形块并在垂直方向相连,而将垂直滑条做成多个菱形块并在水平方向相连,然后将它们相互嵌在一起,就变成了触摸板,如图 4.28 所示。为了使它们在交叉的地方不短路,必须使其中一个方向的连接通过过孔在印板的反面相连。通过在横向和纵向分别扫描水平和垂直的滑条就可以定位触摸点的二维坐标,笔记本计算机上的触摸板(trackpad)就是利用这个原理。

一般地讲,触摸板上的菱形块不能做得很大。因为,为了使用重心法获得较高的分辨率,就需要在水平和垂直的滑条上都有两个以上的感应块被触摸感应,这就需要至少 4 个菱形块被感应,而手指大小是有限的,所以菱形块不能做得很大。由于菱形块的面积不能做得很大,相对于按键和滑条就需要有更高的灵敏度。

图 4.28 二维触摸面板

图 4.29 是触摸板加 4 个按键的示意图和一个它的实例。在这个示例中使用了 8 行×8 列的触摸板,它可选的分辨率是 80×80。它一共占用 8+8+4(按键)共 20 个 I/O 口。

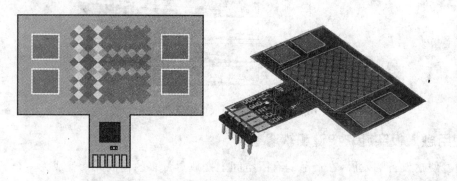

图 4.29 触摸板加按键示意图和一个实例

另一个触摸板加双滑条和双按键的实例如图 4.30 所示。触摸板是 16 列(X 轴)×12 行(Y 轴)的设计,滑条有水平和垂直的各一个,水平的滑条由 10 个感应块组成,垂直的滑条由 5 个感应块组成。在触摸板的左右下角各有一个按键。总共需要 45 个引脚用于触摸感应的输入,所有这些功能使用 2 颗 PSoC 芯片来实施。活动区域的尺寸为 3.9 in×1.9 in(99 mm×47 mm),使用的覆盖物为 0.010 in(0.25 mm)的 ABS 塑料。该触摸板系统的分辨率达到每英寸 100(CPI)。

还有一种不使用水平和垂直滑条的触摸板概念设计,它是使用两组楔形滑条来实现触摸板，如图 4.31 所示。这种触摸板的手指定位在垂直方向仍然使用滑条的定位方式，但是在水平方向的定位是靠奇数序列感应块的信号强度和相邻偶数序列感应块的信号强度的比值来确定的。如图 4.31 中 1 和 2 的位置，相邻感应块的信号强度变化非常明显，而且在一定的范围内呈线性关系。这种方案设计的优点是它有可能在单面板上实现触摸板，而不需要用双面板，降低成本；缺点是在水平方向的两端由于楔形滑条的细端面积太小，难以被感测，影响手指水平方向的定位精度。

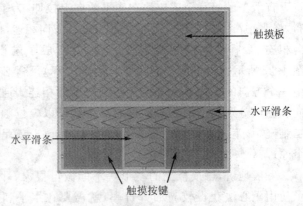

图 4.30　触摸板加双滑条和双按键的实例

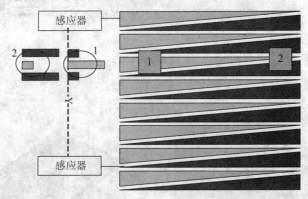

图 4.31　使用两组楔形滑条的触摸板

使用触摸板实施软按键和软滑条

随着便携设备的发展，在产品的有限空间上摆放尽量多的输入元素就成为一个新的挑战。使用触摸板实施虚拟按键和虚拟滑条为这个需求提供了一个很好的解决方案。图 4.32 给出了软功能键和滑条的原理说明，在触摸板上定义多个坐标区域，当芯片中的软件感测到手指在某划定的区域中有触摸的动作(如点触，滑动等)，就认为是该区域对应的功能键被按下或有手指在滑条上滑动。

软功能键和软滑条的实现为设计节省了空间，在一块滑动条或触摸面板上，可以实现不同类型的输入元素，如图 4.32 所示。在 4.32(a) 这样的一块触摸面板上，通过覆盖不同的提示图案如图 4.32 中(b)、(c)或(d)，可以同时实现按键和触摸面板的功能或按键和滑条的功能，用户的输入意图可以根据手指的运动规律由软件自动识别，无需机械切换动作。这样的设计在提高空间利用率的同时，也为设计师提供了更多想象的空间。

对于图4.32中,(b)、(c)和(d)这样不同的输入功能,可不可以在这一个区域上同时实现呢？答案是肯定的,将图(a)的触摸面板换成透明的金属材料(如ITO,即铟锡氧化物),将此透明的触摸面板贴合到具有动态显示功能的显示屏(如LCD)上,由显示屏显示出不同的按键布局,即可实现动态输入键的功能。

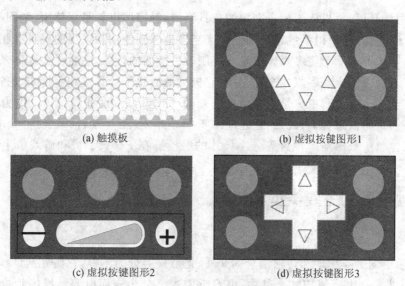

(a) 触摸板　　　　　　　　　　　(b) 虚拟按键图形1

(c) 虚拟按键图形2　　　　　　　　(d) 虚拟按键图形3

图4.32　触摸板实施虚拟按键和虚拟滑条

图4.33给出了在一种手机上可以实施触摸按键、滑条和触摸板的区域,以实现更时尚、更

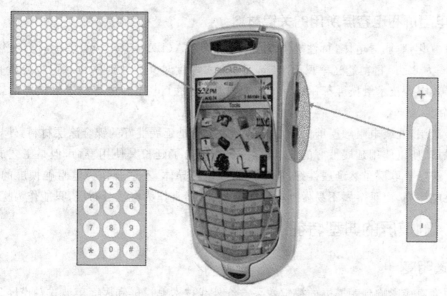

图4.33　手机上可以实施触摸按键、滑条和触摸板的区域

优雅的人机交互界面。

4.4 触摸屏

随着使用计算机、手机作为信息来源的与日俱增,触摸屏以其易于使用、坚固耐用、反应速度快、节省空间等优点,使得系统设计师们越来越多地感到使用触摸屏的确具有相当大的优越性。事实上,触摸屏是一个使多媒体信息或控制改头换面的设备,它赋予多媒体系统以崭新的面貌,是极富吸引力的全新多媒体交互设备,它极大地简化了计算机和手持式设备的使用。触摸屏的应用范围非常广阔,主要是公共信息的查询,如电信局、税务局、银行、电力等部门的业务查询,城市街头的信息查询;此外,它还应用于领导办公、工业控制、军事指挥、电子游戏、点歌点菜、多媒体教学及房地产预售等。小尺寸的触摸屏在PDA、手机和游戏机上的应用也非常广泛。

4.4.1 触摸屏的主要类型和材料

1. 触摸屏的主要类型

按照触摸屏的工作原理和传输信息的介质,把触摸屏分为4种,它们分别是:电阻式、红外线式、表面声波式和电容感应式。其中,电容感应式又分为表面电容触摸屏和投影电容触摸屏。每一类触摸屏都有其各自的优缺点,要了解哪种触摸屏适用于哪种场合,关键在于要懂得每一类触摸屏技术的工作原理和特点。

2. 电阻屏和电容屏所用的关键材料

ITO氧化铟,弱导电体,特性是当厚度降到1800 Å($1 Å = 10^{-10}$ m)以下时会突然变得透明,透光率为80%,再薄透光率反而下降,到300 Å厚度时又上升到80%。ITO是所有电阻技术触摸屏及电容技术触摸屏都用得到的主要材料,实际上电阻和电容触摸屏的工作面就是ITO涂层。

镍金涂层,五线电阻触摸屏的外层导电层使用的是延展性好的镍金涂层材料,外导电层由于频繁触摸,所以使用延展性好的镍金材料,目的是为了延长其使用寿命,但是工艺成本也较为高昂。镍金导电层虽然延展性好,但是只能做透明导体,不适合作为电阻触摸屏的工作面。因为它导电率高,而且金属不易做到厚度非常均匀,不宜作为电压分布层,只能作为探层。

4.4.2 触摸屏的典型特征

1. 透明度

透明度直接影响到触摸屏的视觉效果。红外线技术触摸屏和表面声波式触摸屏只隔了一层纯玻璃,透明性能非常好。但很多触摸屏是由多层的复合薄膜组成,仅用透明一点来概括它的视觉效果是不够的,它的透明特性至少包括 4 个方面:透明度、色彩失真度、反光性和清晰度。透明度和色彩失真度,一般看到的彩色世界包含了可见光波段中的各种波长色,多层复合薄膜的触摸屏在各波长下的透光性还不能达到理想的一致状态,图 4.34 是一个示意图,由于透光性与波长曲线图的存在,通过触摸屏看到的图像不可避免地与原图像产生了色彩失真,静态的图像感觉还只是色彩的失真,动态的多媒体图像感觉就不是很舒服了,色彩失真度也就是图中的最大色彩失真度,应该是越小越好。平常所说的透明度是指图中的平均透明度,当然是越高越好。

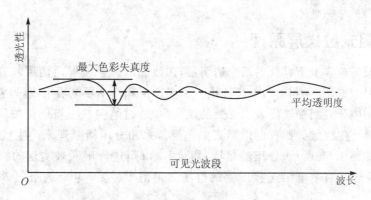

图 4.34 可见光波长下多层复合薄膜的透光性

反光性,主要是指由于镜面反射造成图像上重叠身后的光影,如人影、窗户及灯光等。反光是触摸屏带来的负面效果,越小越好,它影响用户的浏览速度,严重时甚至无法辨认图像字符。反光性强的触摸屏使用环境受到限制,现场的灯光布置也被迫需要调整。大多数存在反光问题的触摸屏都提供另外一种经过表面处理的型号,磨砂面触摸屏,也叫防眩型,价格略高一些。防眩型反光性明显下降,适用于采光非常充足的大厅或展览场所,不过,防眩型的透光性和清晰度也随之有较大幅度的下降。

清晰度,有些触摸屏加装之后,字迹模糊,图像细节模糊,整个屏幕显得模模糊糊,看不太清楚,这就是清晰度太差。清晰度的问题主要是多层薄膜结构的触摸屏,由于薄膜层之间光反复反射折射而造成的,此外防眩型触摸屏由于表面磨砂也造成清晰度下降。清晰度不好,眼睛容易疲劳,对眼睛也有一定伤害。

2. 绝对坐标

触摸屏是绝对坐标系统,要选哪就直接点哪,与鼠标这类相对定位系统的本质区别是一次到位的直观性。绝对坐标系的特点是每一次定位坐标与上一次定位坐标没有关系。触摸屏在物理上是一套独立的坐标定位系统,每次触摸的数据通过校准数据转为屏幕上的坐标。这样就要求触摸屏这套坐标不管在什么情况下,同一点的输出数据是稳定的,如果不稳定,那么这触摸屏就不能保证绝对坐标定位,点不准这就是触摸屏最怕的问题——漂移。技术上凡是不能保证同一点触摸每一次采样数据相同的触摸屏都存在这个问题,以前的电容触摸屏方案最有可能出现漂移现象。

3. 检测触摸并定位

各种触摸屏技术都是依靠各自的传感器来工作的,甚至有的触摸屏本身就是一套传感器。各自的定位原理和各自所用的传感器决定了触摸屏的反应速度、可靠性、稳定性和寿命。触摸屏的传感器方式还决定了该触摸屏如何识别多点触摸(multi-touch)的问题,也就是超过一点同时触摸的识别和处理。

4.4.3 电阻式触摸屏原理

电阻式触摸屏包含上下叠合的两个透明层,四线和八线触摸屏由两层具有相同表面电阻的透明阻性材料组成,五线和七线触摸屏由一个阻性层和一个导电层组成,通常还要用一种弹性材料来将两层隔开。当触摸屏表面受到的压力(如通过笔尖或手指进行按压)足够大时,顶层与底层之间会产生接触。所有的电阻式触摸屏都采用分压器原理来产生代表 X 坐标和 Y 坐标的电压。如图 4.35 所示,分压器是通过将两个电阻进行串联来实现的。R_1 连接正参考电压 V_{REF},R_2 接地。两个电阻连接点处的电压测量值 V_{MEAS} 与电阻的阻值 R_2 成正比,如图 4.35 所示。

为了在电阻式触摸屏上的特定方向测量一个坐标,需要对一个阻性层设置电压,将它的一边接 V_{REF},另一边接地。同时,将未设置电压的那一层连接到一个 ADC 的高阻抗输入端。当触摸屏上的压力足够大,使两层之间发生接触时,电阻性表面被分隔为两个电阻。它们的阻值与触摸点到偏置边缘的距离成正比。触摸点与接地边之间的电阻相当于分压器中下面的那个电阻。因此,在未设置电压层上测得的电压与触摸点到接地边之间的距离成正比。

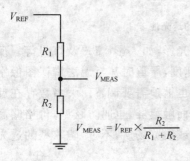

图 4.35 电阻的分压原理

1. 四线触摸屏

四线触摸屏包含两个阻性层。其中一层在屏幕的左右边缘各有一条垂直总线;另一层在屏幕的底部和顶部各有一条水平总线,见图 4.36。为了在 X 轴方向进行测量,将左侧总线设置为 0 V,右侧总线设置为 V_{REF}。将顶部或底部总线连接到 ADC,当顶层和底层相接触时即可做一次测量。由于 ITO 层均匀导电,触点电压与 V_{REF} 电压之比等于触点 X 坐标与屏宽之比。

为了在 Y 轴方向进行测量,将顶部总线设置为 0 V,底部总线设置为 V_{REF}。将 ADC 输入端接左侧总线或右侧总线,当顶层与底层相接触时即可对电压进行测量。由于 ITO 层均匀导电,触点电压与 V_{REF} 电压之比等于触点 Y 坐标与屏高之比。对于四线触摸屏,最理想的连接方法是将设置为 V_{REF} 的总线接 ADC 的正参考输入端,并将设置为 0 V 的总线接 ADC 的负参考输入端。这样可为坐标的计算带来方便。

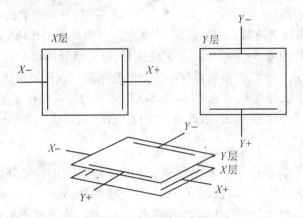

图 4.36 四线触摸屏

2. 五线触摸屏

五线触摸屏使用了一个阻性层(下层 A 面)和一个导电层(上层 B 面),见图 4.37。导电层有一个引出线,通常在其一侧的边缘。阻性层的 4 个角上各有一个引出线。为了在 X 轴方向进行测量,将左上角和左下角设置到 V_{REF},右上角和右下角接地。由于左、右角为同一电压,其效果与连接左右侧的总线差不多,类似于四线触摸屏中采用的方法。当顶层与底层相接触时,上层的引出线将触点电压送到 ADC。

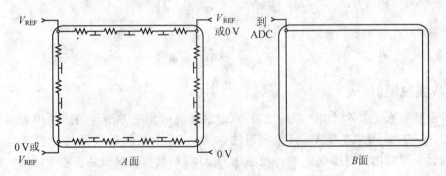

图 4.37 五线触摸屏

为了沿 Y 轴方向进行测量,将左上角和右上角设置为 V_{REF},左下角和右下角设置为 0 V。由于上、下角分别为同一电压,其效果与连接顶部和底部边缘的总线大致相同,类似于在四线触摸屏中采用的方法。当顶层与底层相接触时,同样由上层的引出线将触点电压送到 ADC。

这种测量算法的优点在于它使左上角和右下角的电压保持不变,但如果采用栅格坐标,X 轴和 Y 轴需要反向。对于五线触摸屏,最佳的连接方法是将左上角(设置为 V_{REF})接 ADC 的正参考输入端,将左下角(偏置为 0 V)接 ADC 的负参考输入端。

五线电阻触摸屏的 A 面是导电玻璃而不是导电涂覆层,导电玻璃的工艺使得 A 面的寿命得到极大提高,并且可以提高透光率。其次,五线电阻触摸屏把工作面的任务都交给寿命长的 A 面,而 B 面只用来作为导体,并且采用了延展性好、电阻率低的镍金透明导电层,因此,B 面的寿命也得到极大提高。五线电阻触摸屏的另一项技术是可以通过精密的电阻网络来校正 A 面的线性问题,由于工艺过程不可避免地使 ITO 厚薄不均而造成电压场不均匀分布,精密电阻网络在工作时流过绝大部分电流,因此可以补偿工作面有可能出现的漂移和线性失真。

3. 七线触摸屏

七线触摸屏的实现方法除了在左上角和右下角各增加一根线之外,与五线触摸屏相同。实施屏幕测量时,将左上角的一根线连到 V_{REF};另一根线接 ADC 的正参考端。同时,右下角的一根线接 0 V;另一根线连接 ADC 的负参考端。导电层仍用来测量分压器的电压,见图 4.38。

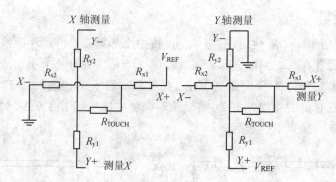

图 4.38 七线触摸屏

4. 八线触摸屏

除了在每条总线上各增加一根线之外,八线触摸屏的实现方法与四线触摸屏相同。对于 V_{REF} 总线,将一根线用来连接 V_{REF};另一根线作为 ADC 的数模转换器的正参考输入。对于 0 V 总线,将一根线用来连接 0 V;另一根线作为 ADC 的数模转换器的负参考输入。未设置电压层上的 4 根线中,任何一根都可用来测量分压器的电压。

4.4.4 红外线触摸屏原理

红外线触摸屏原理比较简单。红外触摸屏是在紧贴屏幕前密布 X、Y 方向上的红外线矩阵,通过不停地扫描是否有红外线被物体阻挡检测并定位用户的触摸。如图 4.39 和图 4.40

所示。

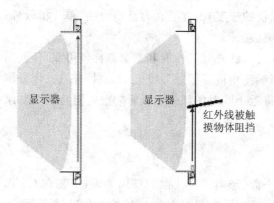
图 4.39 红外线触摸屏（侧视图）

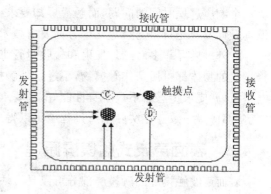
图 4.40 红外线触摸屏（正视图）

这种触摸屏是在显示器的前面安装一个外框,外框里设计有电路板,从而在屏幕四边排布红外发射管和红外接收管,一一对应形成横竖交叉的红外线矩阵。当有触摸时,手指或其他物就会挡住经过该位置的横竖红外线,触摸屏扫描时发现并确信有一条红外线受阻后,表示有红外线受阻,可能有触摸,同时立刻换到另一坐标再扫描,如果再发现另外一轴也有一条红外线受阻,表示发现触摸,并将两个发现阻隔的红外对管位置报告给主机,经过计算判断出触摸点在屏幕的位置。

红外触摸屏产品分为挂式和内置式两种。外挂式的安装方法非常简单,是所有触摸屏中安装最方便的,只要用胶或双面胶将框架固定在显示器前面即可。缺点是影响外观。内置式红外触摸屏性能更加稳定,影响外观程度小。

红外线触摸屏的优缺点

红外触摸屏的优点是可用手指、笔或任何可阻挡光线的物体来触摸。红外触摸屏不受电流、电压和静电干扰,适宜恶劣的环境条件。最新的技术,第五代红外屏的分辨率取决于红外对管数目、扫描频率以及差值算法,分辨率已经达到了 $1\,000 \times 720$。

红外触摸屏的缺点是在球面显示器上使用时感觉不好,这是因为赖以工作的红外光栅矩阵要求保证在同一平面上,因此,真正感应触摸的工作平面距离弧形的显示器屏幕有较大的间隔,尤其在边角,但是这个缺点在平面显示器上不存在,比如液晶显示器。

环境光因素,红外接收管有最小灵敏度和最大光照度之间的工作范围,但是触摸屏产品却不能限制使用范围,从黑暗的歌厅包房到海南岛高强度阳光下的户外使用,作为产品它必须适应。

快速检测,红外触摸屏一般尺寸最少也有 64 套红外对管,也就是说至少要求在 0.4 ms 内就要完成一条红外线的检测。红外发射管有一个发射角,接收管有较大范围的接收角,如果周围反射、折射、干扰信号达到一定程度,会发现手指放在什么地方也阻挡不住信号。要解决这些问题,可以选择脉冲方式。选择脉冲方式虽然抗干扰能力强,但是存在脉冲方式在接收方需要一个响应过程时间的问题,而触摸屏却要求极快的速度,因此要在自适应电路、单片机软件、模具设计及透光材料选择等几个方面要有技术突破。

红外触摸屏靠多对红外发射和接收对管来工作,红外对管性能和寿命都比较可靠,任何阻挡光线的物体都可用来作触摸物,不过红外触摸屏使用传感器数目将近 100 对,并且共用外围电路,这就要求传感器不仅本身性能好,还要求将近 100 对的红外二极管"光-电阻特性"和"结电容"都保持一致。在实际生产过程中难以得到保证。

4.4.5 表面声波式触摸屏原理

表面声波触摸屏的触摸屏部分可以是一块平面、球面或是柱面的玻璃平板,安装在 CRT、LED、LCD 或是等离子显示器屏幕的前面。这块玻璃平板只是一块纯粹的强化玻璃,区别于其他触摸屏技术是没有任何贴膜和覆盖层。

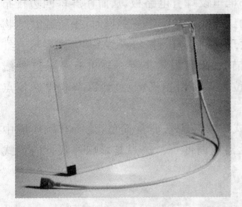

图 4.41 表面声波触摸屏的一个实例

玻璃屏的左上角和右下角各固定了竖直和水平方向的超声波发射换能器,右上角则固定了两个相应的超声波接收换能器。玻璃屏的 4 个周边则刻有 45°角由疏到密间隔非常精密的反射条纹。图 4.41 是表面声波触摸屏的一个实例。

表面声波触摸屏(以下简称声波屏)是利用声波在刚体表面传播的特性设计而成,它的工作原理如图 4.42 所示。

以图 4.42 中右下角的 X 轴发射换能器为例说明表面声波触摸屏的工作原理。X 轴发射换能器把控制器通过触摸屏电缆送来的电信号转化为声波能量向左方表面传递,然后由玻璃板下边的一组精密反射条纹把声波能量折射成向上的均匀面传递,超声波在前进途中遇到 45°倾斜的反射线后产生反射,产生和入射波成 90°和 Y 轴平行的分量,该分量传至玻璃屏 X 方向的另一边也遇到 45°倾斜的反射线,经反射后沿与发射方向相反的方向传至 X 轴接收换能器。X 轴接收换能器将返回的表面声波能量变为电信号。

当 X 轴发射换能器发射一个窄脉冲后,声波能量历经不同途径到达接收换能器,走最右边的最早到达,走最左边的最晚到达,早到达的和晚到达的这些声波能量叠加成一个较宽的波形信号。不难看出,接收信号集合了所有在 X 轴方向历经长短不同路径回归的声波能量,它们在 Y 轴走过的路程是相同的,但在 X 轴上,最远的比最近的多走了两倍 X 轴最大距离。因此,这个波形信号的时间轴反映各原始波形叠加前的位置,也就是 X 轴坐标。

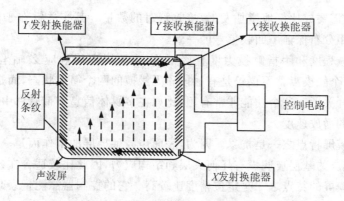

图 4.42 表面声波触摸屏工作原理示意图

发射信号与接收信号波形在没有触摸的时候,接收信号的波形与参照波形完全一样。当手指或其他能够吸收或阻挡声波能量的物体触摸屏幕时,X 轴途经手指部位向上走的声波能量被部分吸收,对应在接收波形上即某一时刻位置上波形有一个衰减缺口,如图 4.43 所示。

接收波形对应手指挡住部位信号衰减了一个缺口,计算缺口位置即得触摸坐标。控制器分析到接收信号的衰减并由缺口的位置判定 X 坐标。Y 轴用同样的过程判定出触摸点的 Y 坐标。X、Y 两个方向的坐标一确定,触摸点自然就被唯一地确定下来。除了一般触摸屏都能响应的 X、Y 坐标外,表面声波触摸屏还响应第三轴 Z 轴坐标,也就是能感知用户触摸压力大小的值。其原理是由接收信号衰减处的衰减量计算得到。三轴的坐标一旦确定,控制器就把它们传给主机进行处理。

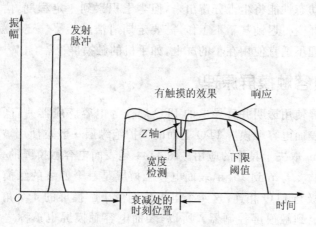

图 4.43 表面声波触摸屏超声发射和接收的波形

声波屏设计的精妙之处在于每个方向只用一对换能器便能侦测整个触摸面,而且分辨率可达 4 096 之高;不像红外触摸屏,每个方向至少需要几十对发射/接收管,随着屏尺寸的增大或分辨率的提高，需要成比例地增加发射/接收管对的数量。其实关键在于反射阵列，反射阵列精密准确的间距分布保证了回收信号的一致。

由于信号衰减程度和手指触摸力度直接相关，声波屏还能响应 Z 轴坐标，即触摸力度。有了这个功能，每个触摸点就不仅仅是有触摸和无触摸的两个简单状态，而是成为能感知力的一个模拟量值的开关了。这个功能非常有用，比如在多媒体信息查询软件中，一个按钮就能控制动画或者影像的播放速度。

表面声波触摸屏特点之一是抗暴。因为，表面声波触摸屏的工作面是一层看不见、打不坏的声波能量，触摸屏的基层玻璃没有任何夹层和结构应力，因此比较适合在公共场所使用。

表面声波触摸屏的特点之二是定位精度比较高。它的控制器靠测量衰减时刻在时间轴上的位置来计算触摸位置，所以，表面声波触摸屏比较稳定，精度也比较高。目前，表面声波技术触摸屏的精度通常是 $4\,096 \times 4\,096 \times 256$ 级力度。定位精度可以达到 $0.1\,\mathrm{mm}$。

表面声波触摸屏特点之三是光学性能好。清晰度和透光率高，透光率可达到 92%。反光最少，无色彩失真，这是因为声波屏屏体为纯玻璃，不像电阻屏有多层复合膜，电容屏是镀了一层膜在表面，透光性更差。

表面声波触摸屏特点之四是不怕电磁干扰，无漂移。声波是机械振动，不受电磁信号影响，不像电容屏，易受电场或磁场影响而产生漂移。

另外表面声波触摸屏还有分辨率高、响应速度快、使用寿命长和成本低的优点，尤其是 10 in 以上的触摸屏，声波屏还具有显著的成本优势。

表面声波触摸屏的缺点是触摸屏表面的灰尘和水滴阻挡表面声波的传递。虽然控制器可以通过手指触摸的动态性能将尘土分辨出来，但尘土积累到一定程度，信号衰减就非常厉害，此时表面声波触摸屏变得迟钝甚至不工作，需要定期清洁触摸屏。还有就是表面声波触摸屏由于它的结构和原理不适宜使用在小的屏上，如手机的触摸屏上。

4.4.6 表面电容触摸屏原理

表面电容触摸屏使用透明并且导电的 ITO 屏作为电容感应器。ITO 的衬底一般是玻璃或透明的薄膜。内表面电容触摸屏 ITO 上面的保护绝缘层一般也使用玻璃或透明的薄膜，它的厚度在 $0.1\sim2\,\mathrm{mm}$ 取决于具体的应用。图 4.44 是表面电容触摸屏的一个实例。表面电容触摸屏的尺寸可以从 2.5 in 到 15 in，表面电容触摸屏是一个四线的触摸屏。因为，它的 ITO 屏使用 4 个边缘电极与 ITO 相连，这 4 个电极分别位于触摸屏的 4 个角上。4 个电极通过 4 根线从触摸屏上引出到触摸屏控制器。所以，表面电容触摸屏也被称之为四线电容触摸屏。其中 ITO 屏的电容特性被用于手指的探测，而 ITO 屏的电阻特性被用于探测手指的定位坐标的计算。

图 4.44 表面电容触摸屏

ITO 屏由 3 个主要的电参数来决定它的电性能,它们是电阻系数或电导率,电容系数和触摸感应电容。其中电阻系数由 ITO 层的厚度决定;电容系数由 ITO 的衬底及覆盖物几何尺寸、介电常数和 ITO 附近的物体(如 TFT LCD 屏等)所决定;而触摸感应电容则由覆盖物的厚度和覆盖物的介电常数所决定。

由于 ITO 屏的 4 个电极位于屏的 4 个角上,因此当在这 4 个电极上施加电压时,在屏上所产生的电场是高度的非线性,如图 4.45 所示。高度的非线性带来的是坐标定位的复杂,需要复杂的数学计算使其线性化,如使用高阶的多项式逼近。

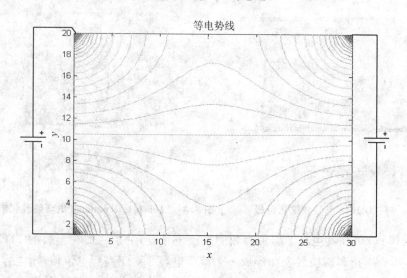

图 4.45 在这 4 个电极上施加电压时屏上产生高度非线性的电场

有两种方法可以改善电场的非线性。一种是使用特殊的 ITO 图案形状,如图 4.46 所示;

还有一种就是使用电场线性化的电极。电极仍然是 4 个电极,但 4 个电极的形状被设计成相对复杂而又对称的图形围绕在 ITO 屏的四周,如图 4.47 所示。使用电场线性化的电极使 ITO 屏的制作工艺变得相对简单,因而使用得比较多。但电场线性化电极的形状设计并非是一个简单的设计,需要借助一些专用的设备和反复地测试才能够实现。因此,现在有许多电场线性化电极的图案形状设计都申请了专利,如图 4.48 和图 4.49 所示。通过使用电场线性化的电极以后,ITO 屏电场的线性可以获得极大地改善,见图 4.50。它允许通过简单的线性变换来计算触摸点的位置坐标。

图 4.46　特殊的 ITO 图案形状改善非线性

图 4.47　电场线性化的电极改善非线性(3M)

图 4.48　Digitek 电场线性化电极

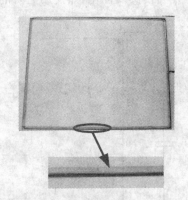

图 4.49　Touch International 电场线性化电极

线性化的 ITO 屏在其电极上施加高频的交流信号,当手指触摸在金属的 ITO 层上时,由于人体电场,用户手指和触摸屏表面形成一个耦合电容。对于高频电流信号,电容具有通交流的特性,于是手指从接触点吸走一个很小的电流。这个电流分别从触摸屏的 4 个角上的电极中流出,并且流经这 4 个电极的电流与手指到 4 个角的距离成正比,控制器通过对这 4 个电流比例的精确计算,得出触摸点的位置。

表面电容触摸屏又分为外表面电容触摸屏和内表面电容触摸屏两种类型。

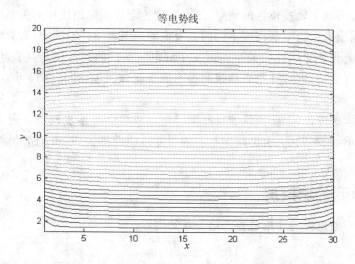

图 4.50 使用电场线性化的电极以后，ITO 屏电场的线性获得改善

外表面电容触摸屏是在显示器外表面采用 ITO 层的电容式触摸屏，由于 ITO 不耐刮擦，电容触摸屏外表面的覆盖层还是很容易被损坏的。这些类型的触摸屏还需要在其面板上开窗口，以便于接触到其表面，而这种做法又使触摸屏必须采用压框以及相应的密封措施，同时也带来相应的成本。

内表面电容触摸屏在 ITO 上面使用透明保护层，它的成本与电阻式触摸屏相当。内表面电容触摸屏的优势在于具有更高的透光率、组装更简单和廉价，即使在最恶劣的环境中也具有稳定的性能，而且理论上其使用寿命是无限的，还能通过软件针对不同的应用程序和语言对显示器进行定制。

表面电容触摸屏灵敏度非常高，只要轻轻一摸就可以被系统识别，电容触摸屏防刮擦、防暴能力非常强，不怕尘埃、水及污垢影响，适合在恶劣环境下使用。

但是表面电容触摸屏也存在一些不足之处。最主要的问题是它存在阴影效应和容易出现漂移。另外，表面电容触摸屏还不支持多触点应用和手势识别。

由于手指和触摸屏表面的耦合电容值与极间距离成反比，与相对面积成正比，并且还与介质的绝缘系数有关。因此，当较大面积的手掌或手持的导体物靠近电容屏时，人手下方及其周围的区域会产生足够大的电容，导致电容屏的误动作，这就是人手的阴影效应。在潮湿的天气，这种情况尤为严重，手扶住显示器、手掌靠近显示器 7 cm 以内或身体靠近显示器 15 cm 以内就能引起电容屏的误动作。

当环境温度、湿度改变时，环境电场发生改变时，都会引起电容屏的漂移，造成定位不准确。例如，开机后显示器温度上升会造成漂移；用户触摸屏幕的同时，另一只手或身体一侧靠近显示器会漂移；环境电势面（包括用户的身体）虽然与电容触摸屏离得较远，却比手指头面积大得多,他们直接影响了触摸位置的测定。此外,理论上许多应该线性的关系实际上却是非线性的,如体重不同或者手指湿润程度不同的人吸走的总电流量是不同的,而总电流量的变化和4个分电流量的变化是非线性的关系。由4个分电流量的值到触摸点在直角坐标系上X、Y坐标值的计算过程复杂,导致有些漂移控制器不能察觉和恢复,并且漂移可能被累积,因而需要经常校准。

随着电子技术的进步,上面所说的这些问题正在或将会被逐步改善。表面电容触摸屏由于其结构相对简单、成本较低、引出线少和屏的尺寸适用范围大,在市场上仍然具有一定的生命力。

4.4.7 投影电容触摸屏

有关投影电容触摸屏的介绍请参考第8章的内容。

第 5 章

触摸感应项目开发的流程和调试技术

工欲善其事,必先利其器。一个好的开发环境和一个好的调试工具对开发触摸感应项目将会起到事半功倍的效果。本章主要介绍基于 CapSense 触摸感应模块的触摸感应项目的开发流程和调试技术。重点在于介绍如何使用串行通信 UART 的 TX 和 I^2C USB 的工具将 CapSense 模块在工作时的一些关键数据送到 PC 上并动态地显示出来,以便调整有关参数得到一个好的灵敏度和信噪比以及按键、滑条和触摸板上各个感应块的一致性。

5.1 CapSense 触摸感应项目的开发流程

CapSense 触摸感应是基于 PSoC 产品的电容感应技术,所以 CapSense 触摸感应项目的开发流程与 PSoC 芯片的项目开发一样,使用 PSoC 的集成开发环境(IDE)来实现。

PSoC IDE 由器件编辑器子系统、应用程序编辑器子系统以及调试器子系统 3 个子系统组成,而每个子系统都有相对应的活动窗口。使用 PSoC 集成开发环境开发 CapSense 项目的使用过程如下:

① 单击 PSoC Designer 图标 ![PSoC Designer],运行 PSoC 集成开发环境软件。

② 单击图标 ⊞(New project)或在开始对话框中,如图 5.1 所示,单击 Start new project 进入新建工程对话框。

③ 新建工程对话框,如图 5.2 所示。在创建工程方法(Select method)栏中选择创建工程的方法,在 New project name 对应的文本框中输入工程名,并在 New project location 处单击 Browse 按钮选择工程的存放目录。

④ 单击"下一步",进入选择器件型号和语言对话框,如图 5.3 所示。单击 View Catalog 按钮选择一款带 CapSense 模块的 PSoC 芯片,在 Generate 'Main' file using 单选框里选择创建 main 函数使用的语言。

⑤ 单击"完成"完成新工程的创建,然后单击图标 ▪(Device Editor)进入器件编辑器子系统界面,如图 5.4 所示。

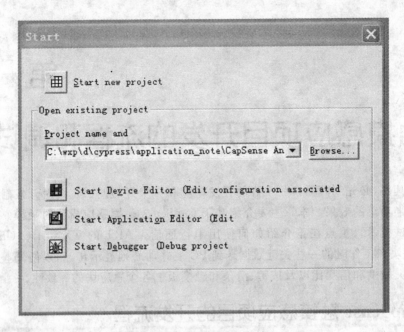

图 5.1 开始对话框

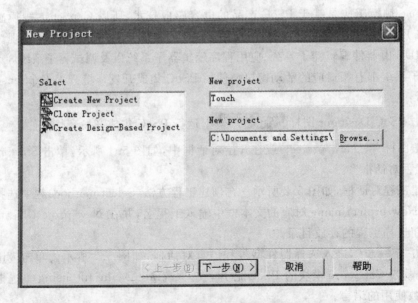

图 5.2 新建工程对话框

触摸感应项目开发的流程和调试技术 5

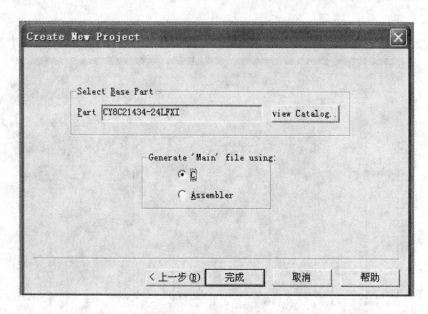

图 5.3 选择器件和语言

在用户模块选择框中双击选定的 CapSense 用户模块后会跳出该模块的数据手册,也可以在用户模块结构图框架和用户模块信息窗口中得到该用户模块的详细资料,选择具体的型号后单击 OK 选定该用户模块,这时会在选择的用户模块窗口中出现该用户模块。

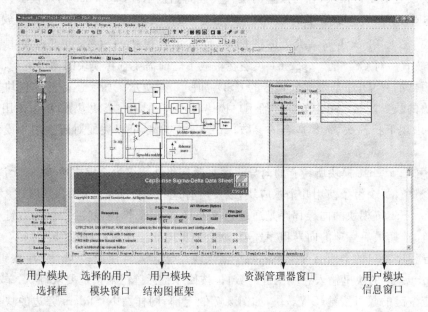

图 5.4 器件编辑器子系统

⑥ 单击工具栏的 Interconnect View 图标 ,如图 5.5 所示,进入放置用户模块视图。

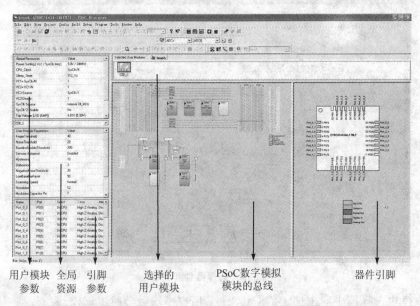

图 5.5 放置用户模块视图

单击要放置的用户模块,在可放置的位置会被高亮显示。CapSense 用户模块包括 3 个数字模块和 3 个模拟模块,数字模块将会以蓝色显示,模拟模块以绿色显示。确定要放置的位置后,单击工具栏上 Place User Module 图标,完成用户模块的放置,也可以单击右键选择 Place 完成放置。对 CSD 的 CapSense 模块在被放下之前需要选择模块的构造类型,即选择是不带预分频器的 CSD,还是带预分频器的 CSD,如图 5.6 所示。如果还有其他模块则完成所有用户模块的放置。然后单击放置好的用户模块,可以看到用户模块参数;单击该用户模块参数内容框,出现下拉箭头,选择适合的参数;重复以上步骤,可以完成对所选用户模块参数的设置。

⑦ 使用 CapSense 模块所特有的向导程序来确定将使用多少个感应按键,有无滑条,有几个(1 或 2)滑条,每个滑条使用几个感应块,以及所有这些感应块所分配的 I/O 口。

激活 CapSense 模块的向导程序是通过先单击 CapSense 模块,然后按鼠标右键会弹出一个下拉菜单,选择最后一项的向导程序选项,就会弹出向导程序窗口,如图 5.7 所示。

在向导程序窗口的上面有两个小的数字输入块用于输入将使用多少个感应按键和滑条。在 N Sensors 旁边的块里输入感应按键的数目,按回车键后弹出对话框要求确认,单击 OK 后便出现对应按键的数目按键(SWx)块,如图 5.7 的上部;同样在 N Sliders 旁边的块里输入滑条的数目,弹出对话框要求确认,单击 OK 后便在向导窗口的下部出现对应滑条数目的滑条,

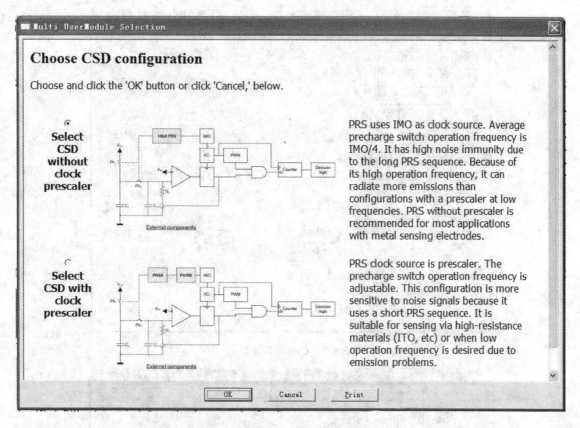

图 5.6　选择 CSD 模块的构造类型

每个滑条默认的感应块数目是 5(W0～W4)。

当有滑条被选择时,每一个又会出现 3 个小的数字输入块用于用户的输入。N Sensors 旁边的块用于输入这个滑条使用几个感应块,按回车键后弹出对话框要求确认,单击 OK 后出现对应数目的感应块;Resolution 旁边的块用于输入这个滑条的最大分辨率;而 Diplex 旁边的块用于打勾选择这个滑条是否要使用感应块倍增法来实施感应块的倍增。

接下来是将每一个感应按键和感应块和原理图中的定义的 I/O 引脚相对应。它是通过用鼠标单击向导窗口中的 I/O 引脚,然后将它拖动到某一个感应按键 SWx 或滑条的感应块 W 上,见图 5.8。

图 5.9 是一个使用向导程序定义 3 个按键和 2 个滑条的例子。其中 2 个滑条分别使用 4 个和 5 个感应块,分辨率分别为 8 和 30,另一个滑条使用了感应块的倍增。

向导窗口中的所有项目设置完成后,通过单击右上角的 OK 按钮关闭这个窗口,所有的设置立即生效。在器件编辑界面中 I/O 口定义窗口里被选中作为按键或感应块的 I/O 口的名字立即改变为 SWx 或 Wx。

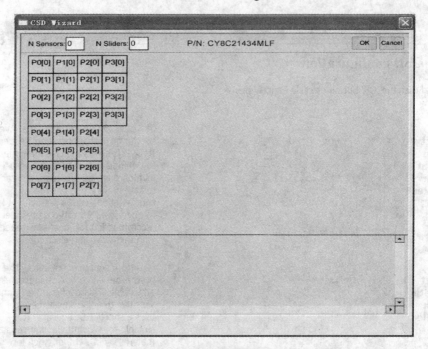

图 5.7　CSD 向导窗口 1

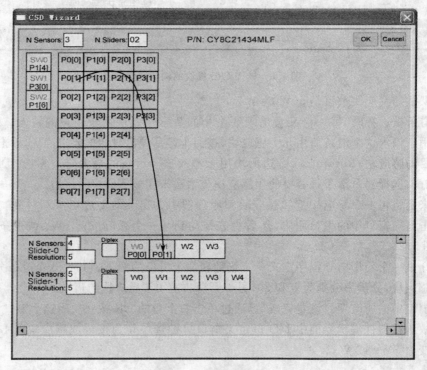

图 5.8　CSD 向导窗口 2

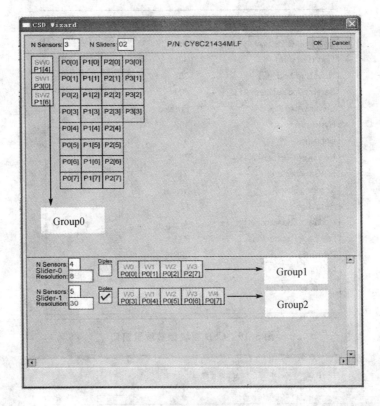

图 5.9 CSD 向导窗口 3

⑧ 设置 CapSense 模块的参数。它是通过单击 CapSense 模块后在 CapSense 模块的参数窗口中进行设置（见图 5.10）。

⑨ 单击图标 ■（Application Editor）可进入应用程序编辑器子系统，如图 5.11 所示。在源文件编辑器窗口里使用 C 语言或汇编语言进行程序编写；在编写完成后运行程序，在状态栏窗口可显示编译提示信息，根据提示信息进行修改从而完善运行程序。

⑩ 单击图标 ■（Debugger）进入调试器子系统，如图 5.12 所示。

以上是 CapSense 触摸感应项目开发的一般流程。使用 PSoC Designer 开发环境加仿真器 CY3215-DK 来调试应用程序的 Bug 是非常好的，但在调试触摸感应的灵敏度和信噪比时就显得不那么方便和直观，还会影响开发的效率。一个好的方法是使用串行通信 RS232 的 TX 或 I^2C USB 的工具，将 CapSense 模块在工作时的一些关键数据送到 PC 上并动态直观地显示出来。在介绍使用这些工具之前先介绍灵敏度和信噪比的概念。

User Module Parameters	Value
CSD_1	
FingerThreshold	40
NoiseThreshold	20
BaselineUpdateThreshold	200
Sensors Autoreset	Enabled
Hysteresis	10
Debounce	3
NegativeNoiseThreshold	20
LowBaselineReset	50
Scanning Speed	Normal
Resolution	12
Modulator Capacitor Pin	?
Feedback Resistor Pin	P3[1]
Reference	ASE11
Ref Value	1
ShieldElectrodeOut	None

图 5.10 CSD 模块参数设置窗口

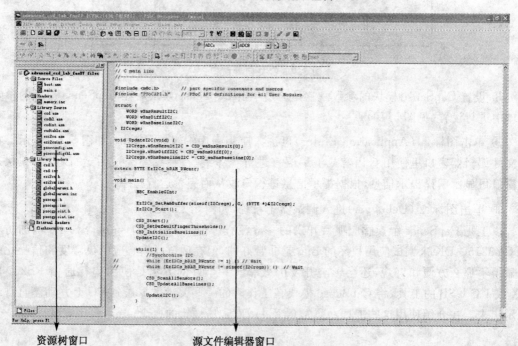

图 5.11 应用程序编辑器子系统

5 触摸感应项目开发的流程和调试技术

图 5.12 调试器子系统

5.2 灵敏度和信噪比

  触摸感应项目中两个最主要的技术指标是灵敏度和信噪比。灵敏度和信噪比本身也有一定的关联。在触摸感应项目中调试的主要目标就是要获得比较好的灵敏度和信噪比,以保证产品有好的可靠性。

  一般把灵敏度定义为由手指触摸产生的最大信号与设定的手指阈值(见图 5.13)的比值,即:

$$灵敏度 = \frac{信号}{手指阈值}$$

显然,触摸信号越大灵敏度越大;手指阈值设得越低,灵敏度也越大。但手指阈值不能设得太低,如果设得太低,有可能被大的噪声超过而产生误触发;设得太高,灵敏度将变小。一般选择手指触摸产生的最大信号的一半左右为宜。

  一般把在没有手指触摸时的原始计数值的波动最大值与最小值之差认为是噪声。而把信噪比 S/N 定义为由手指触摸产生的最大信号与噪声(见图 5.13)的比值,即:

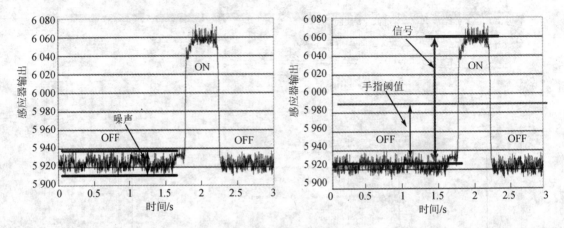

图 5.13 噪声和触摸信号

$$\frac{S}{N} = \frac{信号}{噪声}$$

一般地讲，S/N 越大越好，但也没有必要过分追求 S/N 的值，因为在有的情况下受 PCB 布板和覆盖物的材料与厚度的限制难以达到很高的信噪比。但无论如何 S/N 不能小于 5，否则很难保证不会出现误触发和其他不可靠的情况。

5.3 用 RS232 串口调试触摸感应项目

5.3.1 用超级终端加 Excel 调试触摸感应项目

1. 硬件准备

在用超级终端和串口程序来捕捉 CapSense 模块工作时的关键参数之前需要制作或使用一块 UART/RS232 电平转换板。这个转换板很简单，主要包含一块 RS232 的芯片和一个串口连接器。转换板通过串口线和 PC 相连。目标板将 UART 的 TX 信号经由 UART/RS232 电平转换板将数据送到 PC 的串口（见图 5.14）。

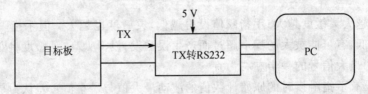

图 5.14 串口连接示意图

2. 软件准备

要使用 UART 的 TX 将数据送到 PC,必须在触摸感应的项目中实现 UART 的 TX 功能。有两种方式可以实现 TX 的功能,它们是软件实现 TX 和使用 TX 用户模块。软件实现 TX 的优点是可以节省模块资源,以便实现其他更多的功能;缺点是需要编写相应的软件代码,增加项目开发的时间。CY8C21x34 系列芯片在使用了 CapSense 模块后,还剩有一个数字模块,正好可以用它来实施 TX。

按照前面介绍放置用户模块的方法,在器件编辑窗口中选择并放置 TX 模块,将 TX 的输出通过内部的路由连到合适的 I/O 口上。在 TX 的模块参数窗口中设置波特率(通过已知的波特率计算输入的时钟频率)等其他参数。最后单击 生成 TX 模块的 API 库函数。

在用户的应用程序中必须添加 TX8 的送数程序,这主要是通过调用 TX8 模块的 API 来实现的。下面介绍一个使用 CSR 模块实施 7 个按键的扫描和使用 TX8 转送 7 个按键的原始计数值的例子。在这个例子中,初始化程序中包含 2 条 TX8 的 API 调用:

```
TX8_1_Start(0)
TX_1_PutSHexInt(0xFF)
```

其中,前一个 API 函数用于启动 TX8 模块;而后一个 API 函数用于将一个十六进制整型数以字符串的形式送到超级终端。而在 While(1)循环里调用了 3 个 TX8 的 API:

```
TX8_1_PutSHex(CSR_1_iReadSwitch(i))
TX8_1_PutChar(',')
TX8_1_PutCRLF()
```

其中,第一个 API 函数用于在 for 循环中将扫描得到的 7 个原始计数值送到超级终端;第二个 API 函数用于在每送出一个原始计数值后送出一个字符串逗号;第三个 API 函数用于在每送出一组(7 个)原始计数值后送出一个回车控制符。

通过使用 TX8 模块和简单地调用 TX8 的 API 就可以连续不断地将 CapSense 模块的一些参数送到超级终端。参考程序如下:

```
#include <m8c.h>
#include "PSoCCAPI.h"
int base0;
int base1;
int base2;
int base3;
int base4;
int base5;
int base6;
```

```
int baseline = 0;
int position = 0;
int baseline_switches = 0;
void main( )
{
    int ncount;
    int i;
    CSR_1_Start( );
    TX8_1_Start(0);
    TX8_1_PutSHexInt(0xFF);
    M8C_EnableInt;
    CSR_1_SetScanSpeed(10);
    CSR_1_StartScan(0,7,0);
    While(! (CSR_1_GetScanStatus( ) & CSR_1_SCAN_SET_COMPLETE));
    CSR_1_StartScan(0,7,0);
    While(! (CSR_1_GetScanStatus( ) & CSR_1_SCAN_SET_COMPLETE));

    While(1)
    {
        CSR_1_StartScan(0,7,0);
        While(! (CSR_1_GetScanStatus( ) & CSR_1_SCAN_SET_COMPLETE));
        baseline_swtiches = CSR_1_bUpdateBaseline(0);
        for(I = 0; i < CSR_1_TotalSwitchCount; i++)
        {
            TX8_1_PutSHexInt(CSR_1_iReadSwitch(i));
            TX8_1_PutChar(',');
        }
        TX8_1_PutCRLF( );
        CSR_1_StopScan( );
    }   //End of normal loop
}       //End of main
```

3. 使用超级终端捕捉数据

首先,从 Windows 的"开始"→"所有程序"→"附件"→"通信"→"超级终端"打开超级终端程序;然后,设置 PC 所使用的通信端口 COM;再通过超级终端程序里"文件"→"属性"的"配置",配置串口通信的波特率、串口的数据长度、奇偶校验位和停止位等参数,如图 5.15 所示。

串口的波特率等参数配置好以后就可以单击"呼叫"按钮开始接收数据。如果硬件连接正常,通信端口和波特率设置正确,便可以通过超级终端接收到来自目标板送出的数据,如图 5.16 为接收到的 7 个按键的原始计数值数据。

触摸感应项目开发的流程和调试技术—5

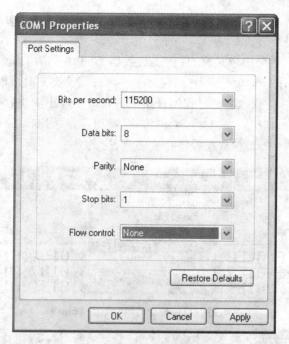

图 5.15 串口的波特率等参数的配置

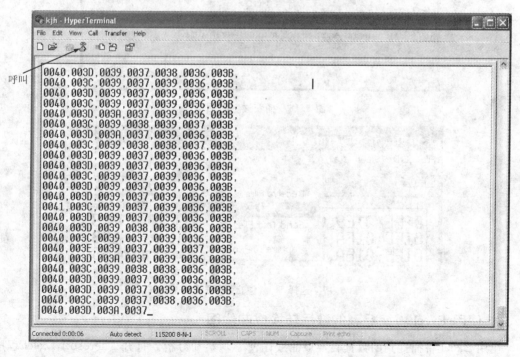

图 5.16 超级终端接收 7 个按键的原始计数值数据

由于这些数据是十六进制整型数并且在不断的变化,不便于仔细分析,所以最好把一段时间里的数据捕捉下来进行分析。

捕捉数据是通过下列操作来实现的:在接收数据的同时单击 Transfer(传送),如图 5.17 所示,在级联菜单中选择 Capture Text(捕获文字),出现捕获文字对话框,如图 5.18 所示。当单击 Start(开始)按钮后捕获数据的过程便开始了。当需要停止捕获数据时,只需选择 Transfer(传送)→Capture Text(捕获文字)→Stop(停止)项即可,如图 5.19 所示。这时被捕捉到的数据可以以文本的格式(.txt)存放在希望存放的地方。

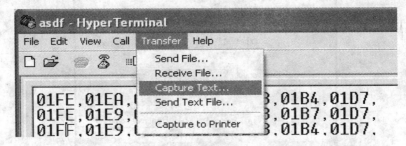

图 5.17　接收数据的同时单击 **Transfer**

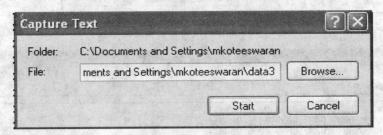

图 5.18　捕获文字对话框

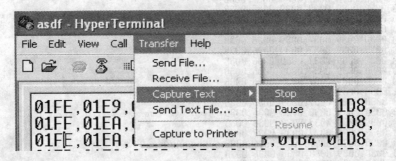

图 5.19　选择 **Stop**(停止)即可结束捕捉

4. 使用 Excel 将捕捉到的数据转换成曲线图

使用 Excel 将捕捉到的数据转换成曲线图便于观察和分析。打开 Microsoft Excel 程序,从菜单栏的Data(数据)中选择"从外部输入数据"→"输入数据"项,这时弹出Select Data Source(选择数据源)窗口,如图5.20所示。这时从这个窗口中可以选择用超级终端捕捉到的文本文件,当选定并单击Open(打开)后,便出现Text Import Wizard-Step 1 of 3(文本输入向导)对话框,如图5.21所示。在这个对话框中选择Delimited(定界符)来描述原始的数据类型,并选择第二行作为开始输入行。单击Next(下一步)按钮出现如图5.22所示的对话框。在这个对话框中选择Comma(逗号)作为Delimited(定界符),然后单击Next按钮出现图5.23所示的对话框。

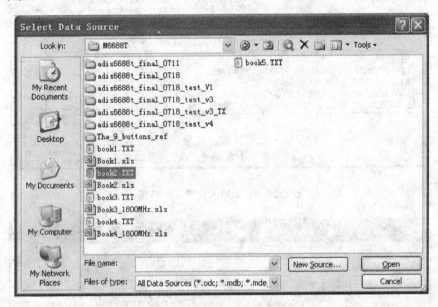

图5.20 选择数据源窗口

在图5.23对话框中选择Text(文本)作为列数据格式。并在数据预览小窗口中通过Shift键和鼠标单击Text选中所有的列。单击Finish(完成)按钮后被捕捉的数据就被导入到Excel文件中了,如图5.24所示。

然而这些数据是十六进制数据,必须把它转换成十进制数据。Excel有一个工程函数正好可以用于这个转换。为了便于观察可以选择这张表的第一排第一个数据(A2)进行转换,在图5.24的例子中选择I2数据块作为A2对应的十进制数据。只要在I2中输入函数公式"=hex2dec(A2)"就可以得到A2的十进制数据。为了将所有捕捉的数据都转换成十进制数据,并不需要将每一个数据都输入一次公式,而是可以使用Excel的拖动复制功能,将所有的数据转换成十进制数据。具体的方法是用鼠标右键单击(简称右击)并按住I2的右下角的小方块然后拖动光标,直到光标拖动的范围所包含的列和行的数目与被转换的数据的列和行相等时,放开鼠标右键,这时便完成了所有十六进制数据的转换。

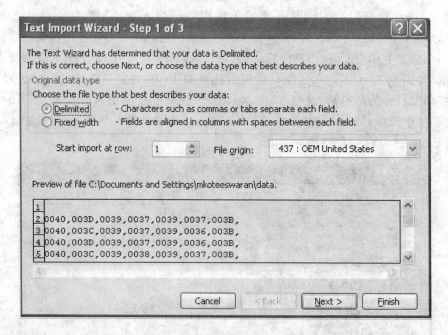

图 5.21 文本输入向导 1 对话框

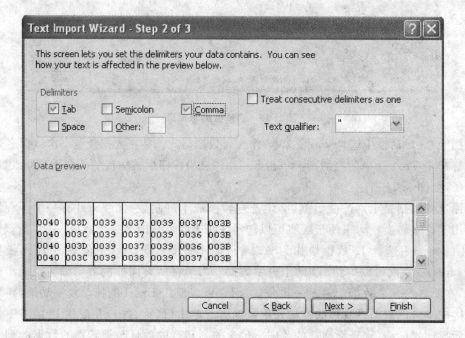

图 5.22 文本输入向导 2 对话框

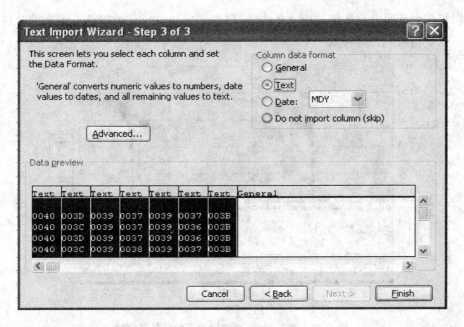

图 5.23　文本输入向导 3 对话框

	A	B	C	D	E	F	G	H	I	J	K
1											
2	0040	003D	0039	0037	0039	0037	003B		=hex2dec(A2)		
3	0040	003C	0039	0037	0039	0036	003B				
4	0040	003D	0039	0037	0039	0036	003B				
5	0040	003C	0039	0038	0039	0037	003B				
6	0040	003D	003A	0037	0039	0036	003B				
7	0040	003C	0039	0038	0038	0037	003B				
8	0040	003D	0039	0038	0039	0036	003B				
9	0040	003D	0039	0037	0039	0036	003B				
10	0040	003D	0039	0037	0039	0037	003B				
11	0040	003C	0039	0037	0039	0036	003B				
12	0040	003D	0039	0037	0039	0036	003B				
13	0040	003C	0039	0038	0039	0037	003B				
14	0040	003D	003A	0037	0039	0036	003B				
15	0040	003C	0039	0038	0038	0037	003B				
16	0040	003D	0039	0037	0039	0036	003B				
17	0040	003D	0039	0037	0039	0037	003B				

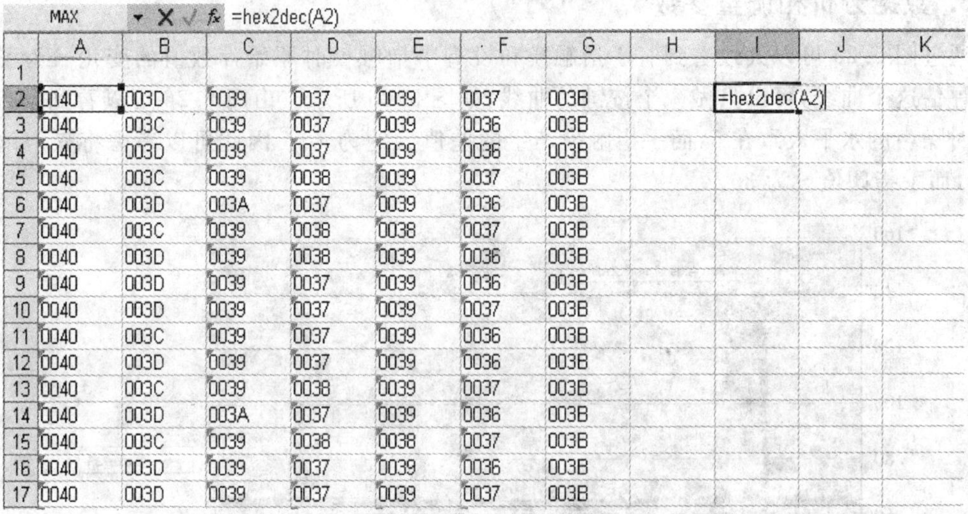

图 5.24　Excel 表十六进制数据的转换

接下来便可以使用 Excel 的图形向导功能将每一列数据或其中的几列数据转换成曲线图形。单击 Excel 的图形向导按钮或折线图，选择二维折线图便可获得如图 5.25 所示的波形。

由这个图可以看到每一列数据对应一条曲线,每一条曲线对应一种颜色。图上的每一个凸起表明有一次手指的触摸和释放。

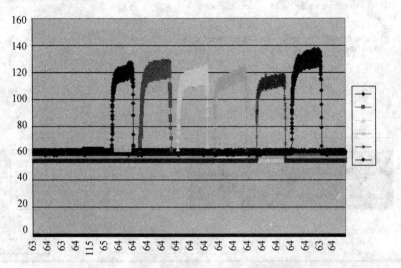

图 5.25　用 Excel 生成按键的原始计数值曲线

5. 数据分析和调整参数

通过图 5.25 可以大致看到有手指触摸和没有手指触摸时原始计数值的变化。为了更详细地评估这个曲线,可以只做一个按键的曲线,如图 5.26 所示。由图 5.26 可以看到没有手指触摸时噪声的水平大致在 5,而手指触摸产生的差值大约为 70。因此可以考虑将噪声阈值设为 10,而手指阈值设为 30。

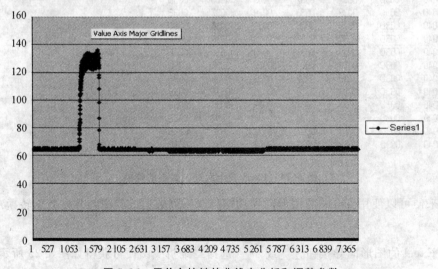

图 5.26　用单个按键的曲线来分析和调整参数

也许在有的情况下认为由于手指触摸产生的差值为 70 并不是那么灵敏,或者由于覆盖物的材料和厚度发生变化,导致手指触摸产生的差值变小,需要增大灵敏度,这时可以通过改变扫描的速度或其他参数来进行调试。图 5.27 是通过改变扫描的速度后重新捕捉数据用 Excel 做出的曲线。从图 5.27 可以看到没有手指触摸时原始计数值的水平已经从原来的 60 左右变成了 500 左右,而有手指触摸时的差值也从原来的 60~70 变成了 400~600。由于灵敏度主要和差值有关,所以这时的灵敏度显然要比前面的好。当然这时的噪声阈值和手指阈值都必须重新设置。

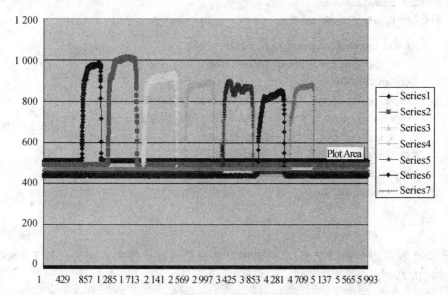

图 5.27　改变扫描速度后用重新捕捉的数据做出的曲线

5.3.2　用专用串口软件调试触摸感应项目

一种专门用于 CapSense 触摸感应串口调试的软件已经被开发出来。使用这个 PC 端应用软件,用户可以实时动态地观察和监视原始计数值、基本线值和差值的变化,直接地评估噪声的大小和不同感应键之间的差异,方便调试。这种专用串口软件有几个版本,如:CSR Chart、CSR Chart20、CSD Chart 和 Fast Chart,它们的功能基本类似。这里介绍 CSR Chart。

1. 硬件准备

硬件准备与用超级终端加 Excel 调试触摸感应项目相同。

2. 软件准备

软件准备也与用超级终端加 Excel 调试触摸感应项目类似。但在应用项目中使用 TX 发送数据的程序要稍作改变。下面是使用 TX 发送 CSA 模块数据的示范程序:

```
void main()
{
    M8C_EnableGInt;
    CSA_Start();
    CSA_SetDefaultFingerThresholds();
    CSA_InitializeBaselines();
    while(1){
        CSA_ScanAllSensors();
        CSA_UpdateAllBaselines();

        //Send information over TX8 at 115200k.
        //Don't change the order of these lines.
        TX8_SendCRLF();
        TX8_Write((char *) (CSA_waSnsResult),CSA_TotalSensorCount * 2);
        TX8_Write((char *) (CSA_waSnsBaseline),CSA_TotalSensorCount * 2);
        TX8_Write((char *) (CSA_waSnsDiff),CSA_TotalSensorCount * 2);
        TX8_SendByte(0);
        TX8_SendByte(0xFF);
        TX8_SendByte(0xFF);
    }
}
```

由于 CSA 没有多余的数字模块，所以串口功能是通过软件来实现的。基于 PSoC 的串口软件 TX8 可以参考附录。

3. 使用专用串口软件捕捉数据

打开专用串口软件 CSR Chart，如果硬件和软件的设置都正确，将会出现如图 5.28 所示窗口。被捕捉的数据将以曲线的方式从左至右滚动出来。横轴代表捕捉数据的次数，纵轴代表被捕捉数据的值。

如果没有曲线出现，则说明可能有些设置不正确。通过选择菜单栏上的 Tools→Settings 项，会跳出图 5.29 所示设置对话框。通过这个窗口可以设置串行通信端口、波特率、以 words 为字节单位的曲线的个数、横轴的点数以及数据包的包头字符。

通过选择菜单栏上的 Chart→Edit 项，还可以设置每一根曲线的属性（见图 5.30），比如它的颜色，对应曲线的名字，这个曲线排列的次序等。

默认的情况，专用串口软件显示图形纵轴的最大和最小的刻度值将随着被显示的所有曲线中的最大和最小值自动地调整。如果希望在某一个范围内更清楚地观察某一根或几根曲线，可以在 CSR Chart 串口软件的编辑对话框中单击 Axis，然后分别在 Minimum 和 Maximum 选项夹下单击 Change 按钮并输入希望的值，就可以从自动调节状态改变到固定范围状态，如图

5.31所示。在CSR Chart串口软件的编辑对话框中还有一些功能可以选择,在此就不一一介绍。

图5.32是选择其中两根曲线并在固定的范围内显示的图形。

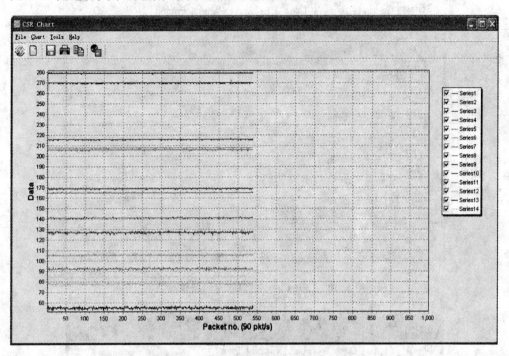

图5.28　CSR Chart串口软件窗口

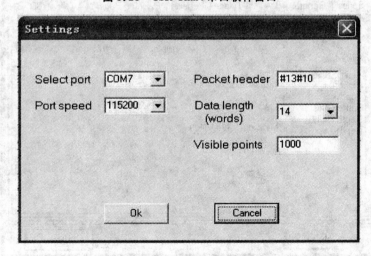

图5.29　CSR Chart串口软件的设置对话框

触摸感应技术及其应用——基于 CapSense

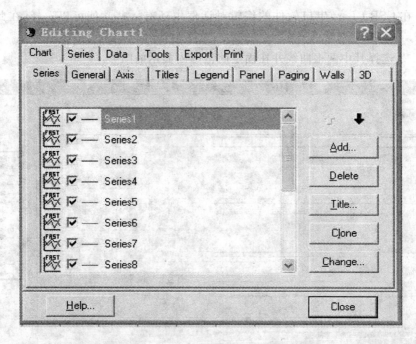

图 5.30　CSR Chart 串口软件的编辑对话框

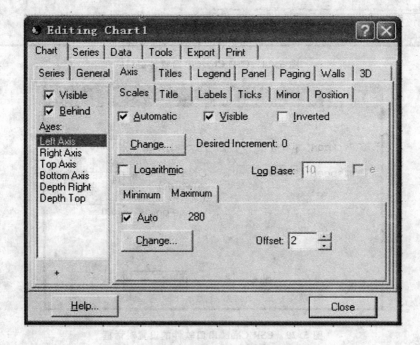

图 5.31　改变显示图形纵轴的刻度状态

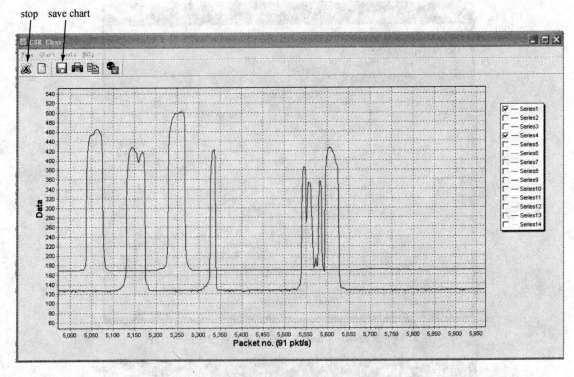

图 5.32 选择两根曲线并在固定的范围显示

在任何时候都可以通过单击菜单栏上的 Save Chart 按钮将当前看到的图形曲线保存下来。单击 Save Chart 按钮将弹出图 5.33 所示对话框，选择 as Bitmap 并单击 Save 按钮就可以保存图形曲线。

另外，也可以将当前看到的图形曲线直接打印出来。在图 5.33 的窗口上单击 Print 选项夹，将出现图 5.34 所示对话框。在这个窗口中可以设置被打印图形的一些属性和选择打印机，最后通过单击 Print 按钮将曲线图形打印出来。

用 CSR Chart 软件观察所读到的数据也是可以的。通过单击 CSR Chart 界面左上角的 Stop/Continue data receive 按钮停止采集数据，单击窗口左上方的 Chart/Edit.../Data 就可以看所采集到的每一个变量的数据，如图 5.35 所示。这些数据都已经被转换成十进制。使用左下角的 4 个按钮 可以选择 4 种不同的方式来观察这些数据，便于仔细分析。

图 5.36 至图 5.39 是使用保存功能所保存的 4 幅曲线图形。其中图 5.36 是一幅 14 选 4 并且固定范围的曲线图；图 5.37 是在固定范围内显示所有 14 根曲线（原始计数值变化）的曲线图；而图 5.38 和 5.39 是显示 4 个感应器的原始计数值以及对应这 4 个基本线值的曲线图。

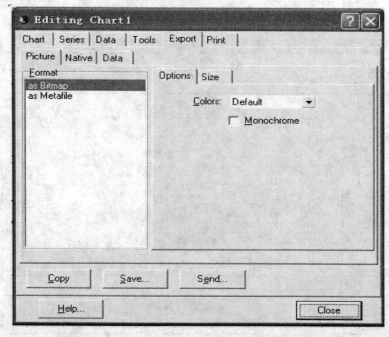

图 5.33 单击 Save Chart 按钮保存当前看到的图形曲线

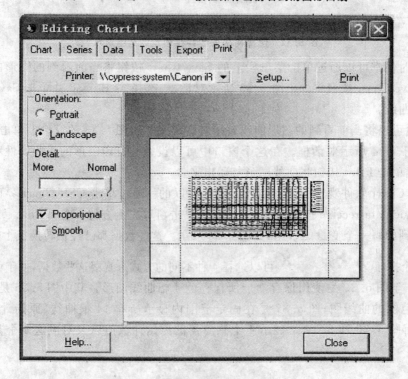

图 5.34 打印对话框

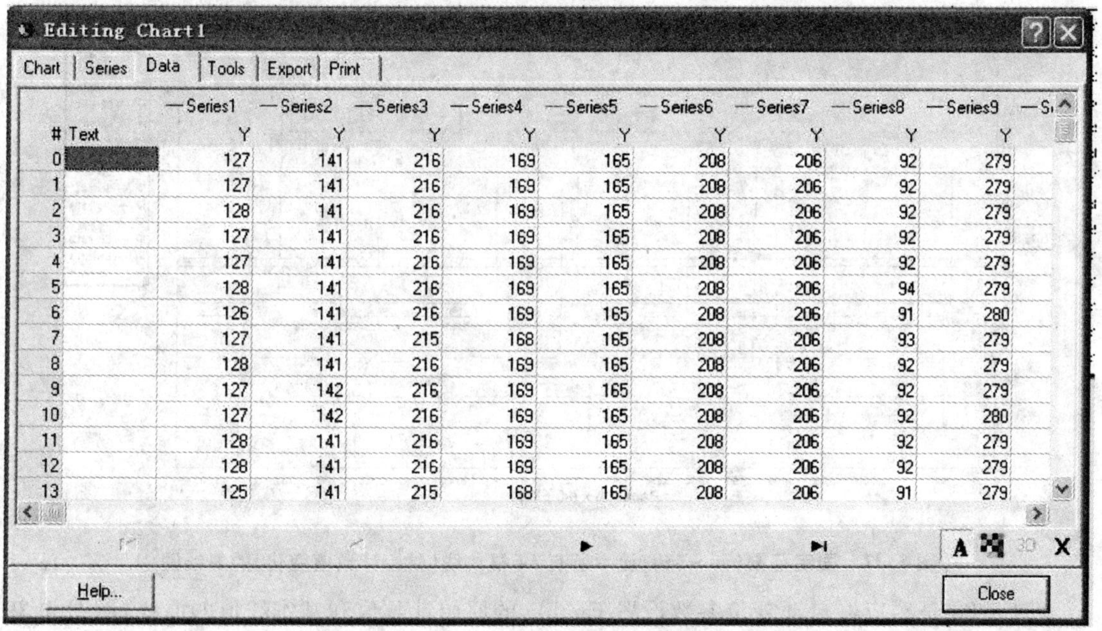

触摸感应项目开发的流程和调试技术 5

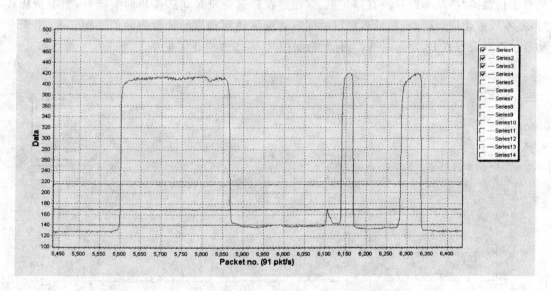

图 5.35 停止采集数据后观察所读到的数据

图 5.36 14 选 4 并且固定范围(100～500)的曲线图

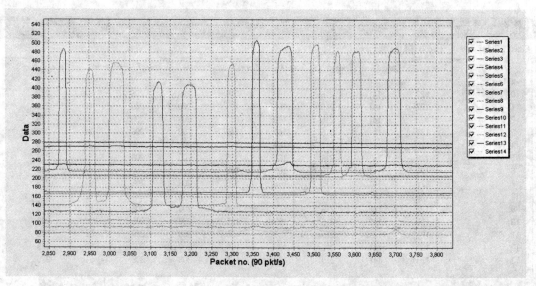

图 5.37 固定范围(50～550)显示所有 14 根曲线(原始计数值变化)的曲线图

图 5.38 是感应器自动复位参数设置 Enable 的原始计数值和基本线值的曲线,而图 5.39 是感应器自动复位参数设置 Disable 的原始计数值和基本线值的曲线。从图 5.38 可以看到,当有手指触摸时,基本线并没有停止更新,而是在延迟一段时间后逐步向上爬升;当手指释放时,基本线停止向上爬升,在延迟一段时间后立即下跳回到原始计数值的值。图 5.39 由于自动复位参数设置成 Disable,所以当有手指触摸时,基本线停止了更新。

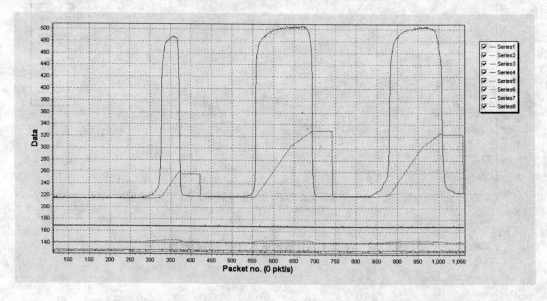

图 5.38 感应器自动复位参数设置 Enable 的原始计数值和基本线值的曲线

从上面捕捉的一些曲线可以看到,用专用串口软件调试触摸感应项目非常方便,观察和分析各个曲线之间或相关变量之间的关系也更清晰明了。

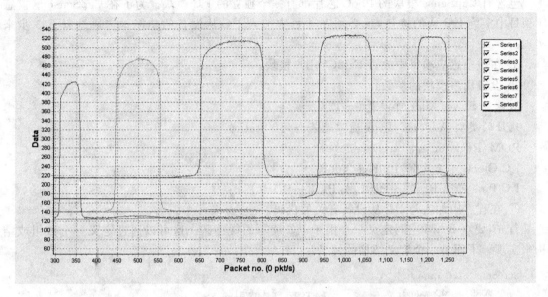

图 5.39 感应器自动复位参数设置 Disable 的原始计数值和基本线值的曲线

5.4 用 I^2C – USB 桥调试触摸感应项目

使用 Cypress 半导体公司提供的 I^2C – USB 桥调试触摸感应项目也是一个很好的选择。使用这个称之为 CY3240 – I^2C USB 的 I^2C 到 USB 的通信工具,可以将作为 I^2C 从设备的触摸感应板与 PC 之间建立通信,获取数据,产生动态图形以方便调试,如图 5.40 所示。

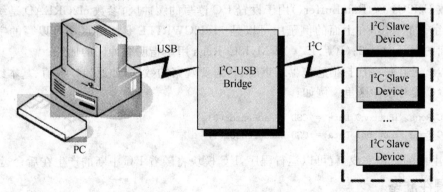

图 5.40 I^2C – USB 桥将作为 I^2C 从设备的触摸感应板与 PC 之间建立通信

1. 软件准备

包含有 CapSense 模块的 PSoC 芯片都有一个独立的 I^2C 模块。为了在 CapSense 触摸感应项目中实施 I^2C 从的接口，就必须在项目中加入 I^2C 从设备的功能。它通过以下 3 步来实现：

① 在触摸感应项目中放置 EzI2Cs 用户模块。

② 设置用户模块的参数：

从地址 Slave_Addr 可以是 0~127

地址的类型 Address_Type 通常选静态的 (Static)

ROM_Register 选禁止 (Disable)

I^2C Clock 可选 50K,100K 和 400K

I^2C Pins 可选 P1[0]~P1[1] 或 P1[5]~P1[7]

③ 在程序中加入与 I^2C 从设备有关的代码。

首先，要在 RAM 空间定义一个用于 I^2C 读写的缓冲区。这可以通过定义一个数组或结构来实现。下面是一个定义结构的例子：

```
Struct     I2C_Regs {
    WORD     wCommand;           // read/write value
    int      iButton0_Data;      // read only value
    int      iButton1_Data;      // read only value
    BYTE     bStatus;            // read only value
} MyI2C_Regs;
```

其次，在初始化程序中加入如下两行代码：

```
EzI2Cs_SetRamBuffer(cI2CREAD,cI2CWRITE,(BYTE *)&MyI2C_Regs);
EzI2Cs_Start();
```

其中，函数 EzI2Cs_SetRamBuffer() 用于设置 I^2C 读写的缓冲区；参数 cI2CREAD 是缓冲区中可以读的字节的长度，在上面的例子中可以是 7; cI2CWRITE 是缓冲区中可以写的字节的长度，在上面的例子中是 2; (BYTE *)&MyI2C_Regs 用于指明缓冲区的地址。

最后，就是在每一次扫描感应器结束时，将需要观察的数据（如原始计数值、基本线值或差值）放到 I^2C 读写缓冲区里。例如：

```
MyI2C_Regs.iButton0_Data = CSD_wReadSensor(0);
MyI2C_Regs.iButton1_Data = CSD_wReadSensor(1);
```

一旦上面的工作完成，就可以运行程序，I^2C 模块将随着 I^2C 中断的产生在后台运行。

2. 硬件准备

硬件的准备工作相对比较简单，只要在触摸感应板上引出 4 根线与 I^2C - USB 桥的

+V、GND、I²C SCL 和 I²C SDA 相连,如图 5.41 所示,还要将 USB 电缆与 I²C-USB 桥和 PC 相连。当然,在硬件连接之前还需要安装 I²C-USB 桥的 GUI 软件和它的 USB 驱动程序。

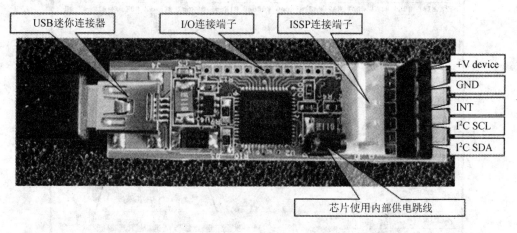

图 5.41 I²C-USB 桥

图 5.42 是一个使用 I²C-USB 桥和一个触摸感应演示板相连的实例。

图 5.42 使用 I²C-USB 桥和触摸感应演示板相连的实例

3. 用 I²C-USB 桥捕捉数据

启动 I²C-USB 桥的 PC 端 GUI 程序。通过在 Windows 操作系统中选择"开始"→"所有程序"→Cypress MicroSystems→I2C-USB Bridge→I2C-USB Bridge Program 项,就可以打开 I²C-USB 桥的 PC 端 GUI 程序(USB to IIC),如图 5.43 所示。

如果 I²C-USB 桥和 PC 连接正常,那么在 USB to IIC 窗口的底部会出现绿色的指示,并

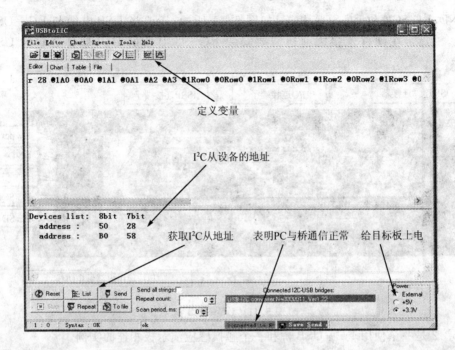

图 5.43　USB to IIC 窗口

有相应的提示表明 PC 与 USB 桥连接正常；否则，将在这个地方显示红色的 Disconnect。如果触摸感应板没有加电，可以通过 I^2C-USB 桥给触摸感应板加电。I^2C-USB 桥有 5 V 和 3.3 V 两种电压给目标板加电。一旦加电，目标板便可以工作了。为了检测通过 I^2C-USB 桥，PC 与 PSoC 芯片是否可以通信，用鼠标单击图 5.43 左下方的 List 按钮，如果通信正常，就可以获得 I^2C 从设备的地址。要说明的是，如果 I^2C 总线上有两个从设备，它将显示两个地址。但即使只有一个设备，它也可能显示两个地址，因为在使用 I^2C Bootloader 时，I^2C Bootloader 也会有一个 I^2C 的从地址。另外获得的地址分别以 7 位和 8 位的方式给出，8 位的地址右移一位就等于 7 位的地址。接下来可以通过定义变量按钮来定义在 USB to IIC 窗口中捕捉到数据的变量名。单击定义变量按钮将弹出定义变量窗口，如图 5.44 所示。在这个窗口中主要定义变量的名字和类型，其他一些参数也可以根据需要进行选择。所定义的变量名字的顺序和类型应该与程序中设置的 I^2C 缓冲区中的变量的顺序和类型一致。所有变量定义好以后，可以作为一个文件被保存下来，方便以后直接调用。

下面可以使用读命令来读 I^2C 从设备的数据（见图 5.45），读写命令的一般格式为：

```
Start address data..data    [stop] [next command]
```

触摸感应项目开发的流程和调试技术 5

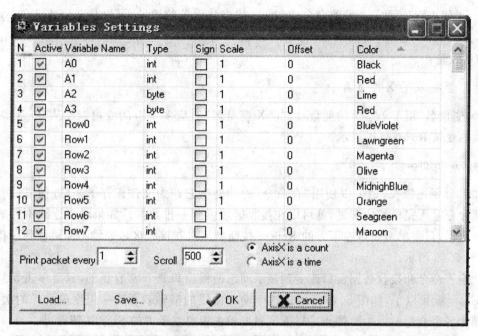

图 5.44 定义变量窗口

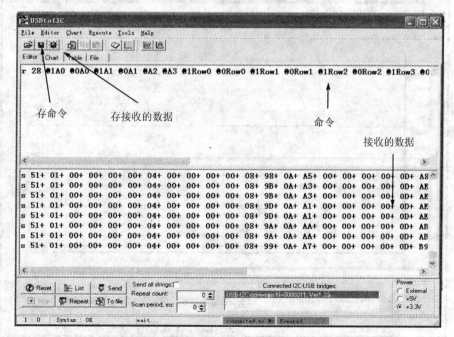

图 5.45 使用读命令读 I^2C 从设备的数据

Start 代表读(r)和写(w)的命令；address 代表从设备的地址，可以是 7 位或 8 位；stop 是在 I^{2}C 总线上插入停止通信的延时，它可以被省略；next command 代表下一条命令。数据 data 的格式是：

@变量名 或 @X 变量名

"@变量名"用于单字节的变量，而"@X 变量名"对应多字节的变量。X 从 0～3，对于一个整型的变量 Row0 可以表示为：

@1Row0 @0Row0

如果命令比较长，也可以使用"存命令"的功能将它作为文件保存下来，方便以后直接调用。读命令输入完毕按回车键，就可以在接收区域读到一排数据。如果希望连续不断地从从设备读数据，只要单击窗口左下方的 Repeat 按钮就可以在接收区域连续不断地读到一排排数据，如图 5.45 所示。

从输入命令和接收数据窗口改变到显示动态曲线窗口是非常容易的，只要单击窗口左上方的 Chart 就可以了，如图 5.46 所示。这个动态曲线的横轴表示对一组变量采样的次数，而纵轴则为各个变量的值。要停止采样数据只要单击窗口左下方的 Stop 按钮即可。

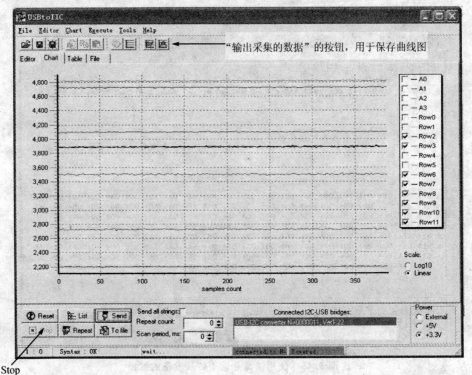

图 5.46　显示动态曲线

通过在窗口右边的变量选择小窗口可以选择需要观察的变量曲线,有时为了观察曲线的细节可以只选择1或2条曲线进行观察,如为了观察各个曲线之间的对应关系可以选择比较多的曲线进行同时观察。在触摸感应项目中用它来观察某一个或几个基本线变量跟踪原始计数值的曲线是非常清楚和方便的。

图5.47和图5.48分别为显示手指触摸多个感应块的多条动态曲线和显示手指触摸多个感应块的其中两条动态曲线。

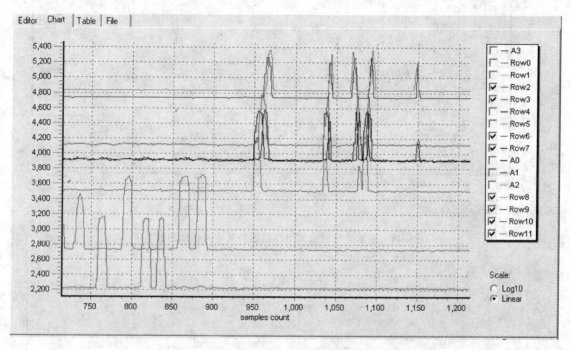

图5.47　显示手指触摸多个感应块的多条动态曲线

USB to IIC软件也允许将所观察到的曲线捕捉并保存下来。通过单击菜单栏上的"输出采集的数据"按钮,见图5.46就可以将当前观察到的曲线图以Bitmap或Metafile(vectors)的格式保存下来,以便以后进行进一步的分析。图5.49是两幅以Bitmap格式保存的曲线图。

用USB to IIC软件观察并保存所读到的数据也是可以的。在单击Stop按钮停止采集数据后,选择窗口左上方的Table标签就可以看所采集到的每一个变量的数据,如图5.50所示。这些数据都已经被转换成十进制。使用"输出采集的数据"按钮并且选择Data就可以将这些数据以文本或Excel的格式保存下来,便于以后仔细分析。

USB to IIC软件还有其他一些高级的功能,有兴趣的读者可以参考它的帮助文件。

4. I^2C方式采集数据和CapSense模块中断的冲突和避免

用I^2C-USB桥和配套的USB to IIC软件来采集数据和调试触摸感应项目是非常方便和

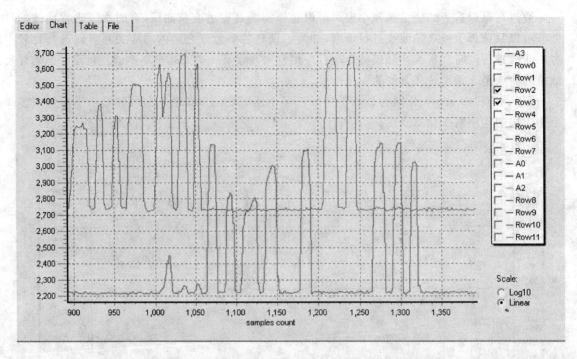

图 5.48 显示手指触摸多个感应块的其中两条动态曲线

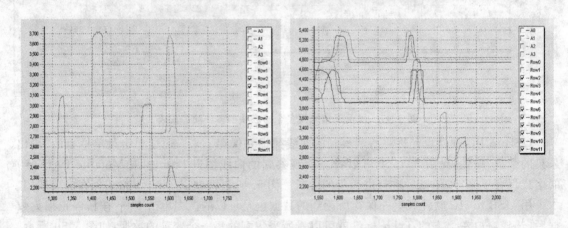

图 5.49 两幅以 Bitmap 格式保存的曲线图

灵活的。但是,在这种通信方式中,I^2C - USB 桥是作为主设备,而 PSoC 芯片是从设备。PSoC 作为从设备和 I^2C - USB 桥通信是通过硬件接收数据,在中断程序软件中处理数据。这就有可能使 I^2C 的通信和 CapSense 模块中断产生冲突,这种冲突不仅有可能导致某些 I^2C 通信的失败,而且有可能导致 CapSense 扫描得到错误的原始计数值。中断冲突的最终结果要么

Editor | Chart | Table | File

Row0	Row1	Row2	Row3	Row4	Row5	Row6	Row7	Row8	Row9	Row10	Row
Y	Y	Y	Y	Y	Y	Y	Y	Y	Y	Y	
0	0	2,227	2,738	0	0	4,220	4,585	4,499	3,990	4,747	4
0	0	2,227	2,738	0	0	4,208	4,583	4,575	3,988	4,745	4
0	0	2,227	2,733	0	0	4,208	4,583	4,575	3,988	4,745	4
0	0	2,227	2,733	0	0	4,208	4,583	4,575	3,988	4,745	4
0	0	2,224	2,729	0	0	4,203	4,585	4,632	3,992	4,748	4
0	0	2,224	2,729	0	0	4,203	4,585	4,632	3,992	4,748	4
0	0	2,229	2,736	0	0	4,184	4,584	4,690	4,005	4,744	4
0	0	2,229	2,736	0	0	4,184	4,584	4,690	4,005	4,744	4
0	0	2,229	2,743	0	0	4,165	4,587	4,723	4,013	4,749	4
0	0	2,229	2,743	0	0	4,165	4,587	4,723	4,013	4,749	4
0	0	2,233	2,739	0	0	4,122	4,590	4,746	4,013	4,744	4
0	0	2,233	2,739	0	0	4,122	4,590	4,746	4,013	4,744	4
0	0	2,233	2,739	0	0	4,122	4,590	4,746	4,013	4,744	4
0	0	2,227	2,744	0	0	4,061	4,584	4,784	4,047	4,746	4
0	0	2,227	2,744	0	0	4,061	4,584	4,784	4,047	4,746	4
0	0	2,221	2,739	0	0	4,000	4,584	4,799	4,082	4,755	4
0	0	2,221	2,739	0	0	4,000	4,584	4,799	4,082	4,755	4
0	0	2,230	2,724	0	0	3,924	4,569	4,807	4,114	4,756	4
0	0	2,230	2,724	0	0	3,924	4,569	4,807	4,114	4,756	4
0	0	2,227	2,729	0	0	3,813	4,556	4,805	4,177	4,764	4
0	0	2,227	2,729	0	0	3,813	4,556	4,805	4,177	4,764	4

图 5.50　单击窗口左上方的 Table 就可以看所采集到的每一个变量的数据

是读到的数据出现异常，要么出现死机。这种情况在感应按键比较少时一般不会出现，因为这时冲突的概率非常小，但在感应按键比较多时将严重影响触摸感应项目的调试。

为了避免这种冲突，并得到正确的数据，必须采取一些相应的措施。对于这种冲突不是太严重的情况，可以通过简单地在 USB to IIC 软件的窗口中修改 I^2C 通信的扫描周期来避免。如图 5.51 所示，一般是加大这个值，以减少 I^2C 通信和 CapSense 模块中断产生冲突的概率。但是，如果通过修改 I^2C 通信的扫描周期还不能解决问题时，就必须通过更改项目的程序来避免。

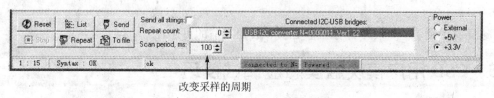

图 5.51　通过设置采样周期值来改变采样的周期

一种有效的方法是使 I^2C 的通信与 CapSense 模块的扫描同步。即每一次 CapSense 模块的扫描完成后才可以进行 I^2C 的通信。同样，每一次 I^2C 的通信完成后才可以进行 CapSense 模块的扫描。这就需要利用 I^2C 模块中的用于指示当前缓冲区地址的计数器参数 EzI2Cs_bRAM_RWcntr。下面是实施同步通信和扫描的程序。

```
while (EzI2Cs_bRAM_RWcntr ! = 1) {}                    // 等待
while (EzI2Cs_bRAM_RWcntr ! = sizeof(I2Cregs)) {}      // 等待
CSD_ScanAllSensors();
CSD_UpdateAllBaselines();
UpdateI2C();
```

从上面的程序中可以看到,在 CSD 模块扫描之前,先检测 EzI2Cs_bRAM_RWcntr,仅当它从 1 变到缓冲区的最大值以后才进行扫描;否则就等待。当 EzI2Cs_bRAM_RWcntr 从 1 变到缓冲区的最大值时,表明一次 I^2C 的通信已经成功完成。函数 UpdateI2C()用于更新 I^2C 缓冲寄存器里的值。这样就使 I^2C 的通信与 CapSense 模块的扫描同步,避免了冲突。

但如果 I^2C 通信的周期设置得不恰当(太短)时,还有可能出现正在更新 I^2C 缓冲寄存器里的值时,产生了 I^2C 通信的中断导致读到的数据出现异常。比如 I^2C 通信中断刚读完一个整型的变量的高位字节,它的低位字节就被更新,接下来再传送的低位字节就不是原来的低位字节。在临界的情况下,读到的值和实际的值将相差十万八千里。

为了避免这种情况的出现有必要实施 I^2C 缓冲寄存器值更新的中断屏蔽。下面是实施中断屏蔽的 I^2C 缓冲寄存器值更新的程序:

```
Void UpdateI2C()
{
    for (idx = 0;idx<CSD_TotalSensorCount;idx ++ )
    {
        M8C_DisableGInt;                                              //禁止中断
        MyI2C_Regs.SnsBaseline[idx] = CSD_waSnsBaseline[idx];         //基本线值更新
        MyI2C_Regs.SnsDiff[idx] = CSD_waSnsDiff[idx];                 //差值更新
        MyI2C_Regs.SnsResult[idx] = CSD_waSnsResult[idx];             //原始计数值更新
        M8C_EnableGInt;                                               //开中断
    }
}
```

这样就保证了 I^2C 缓冲寄存器值更新和数据通信的可靠性。

5.5　CSD 用户模块触摸感应调试技巧

CSD CapSense 触摸感应用户模块有外围元件少、抗干扰性能好、可调参数多及灵活方便调试等优点受到用户的欢迎。包含 CSD 用户模块的 PSoC 芯片,当 CSD 模块被选用以后,一般还有数字模块和模拟模块资源的剩余,可以同时实施其他数字和模拟的功能,实现所谓的 CapSense Plus。如图 5.52 所示,CSD 用户模块构造仅有 3 个外部元件。而事实上 C_X 是感应铜箔,并非真正的元件;外边元件 C_{mod} 和 R_b 经由 I/O 口被连接到 PSoC 芯片内部的模拟总线上，CSD 使用逐个扫描的方式采样 C_X 的信号。当需要扫描哪一个触摸感应器 C_X，哪一个触摸感应器与之相连的 I/O 口就被连接到芯片内的模拟总线上，与之形成完整的 CSD 构造。所以，C_{mod} 和 R_b 为所有的触摸感应按键所共用。图 5.53 是它的一般应用电路图。图中 $R_0 \sim R_{24}$ 为可选的噪声抑制电阻，仅当有很强的外部干扰噪声时选择使用。一般情况下可以不用。S0~S21 可连接 22 个感应器，I2C_SCL 和 I2C_SDA 和 V_{CC}、GND、XRES 既可用作编程端口，又可作为和主控制器 I^2C 的通信线。R_h 为泻流电阻，也是可选的。

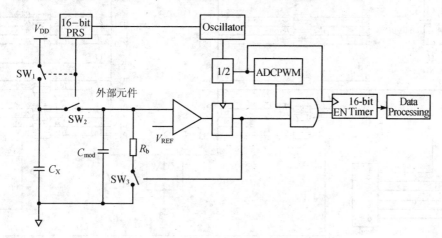

图 5.52　CSD 用户模块构造仅有两个外部元件

虽然 CSD 可调参数多方便用户调试，但要了解每一个参数的含义，以及明白每一个参数将对原始计数值或基本线值和信号产生怎样的影响，这对提高调试效率和触摸感应的性能将是非常有益的。

在 CSD 众多的参数（见图 5.54）中有 3 个参数和一个外部元件对调试的结果将产生重要的影响，必须在调试过程中认真和仔细地选择。它们是：
➢ 扫描速度；
➢ 分辨率；
➢ R_b；
➢ 参考电压 V_{REF}。

在可能的情况下，应该用一组相同的参数使用在所有的感应器上，以便使程序的设计简单明了。

这 4 个参数的主要作用分别如下：

① 扫描速度：在信噪比 SNR 不是足够高时，可以通过减慢扫描速度来改善信噪比。它有 4 个选择，分别是超快（ultra fast）、快（fast）、正常（normal）和慢（slow）。对应于 VC1 的分频系数为 1,2,4,8。

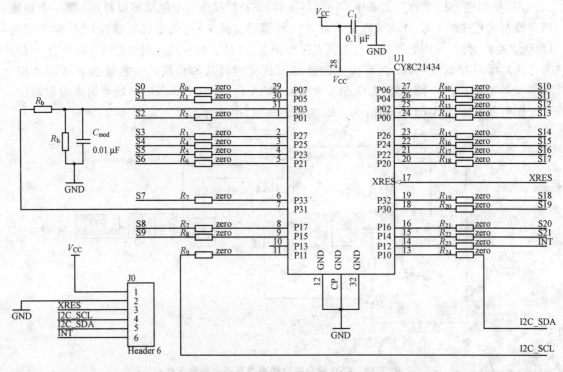

图 5.53　包含和使用 CSD 模块的 PSoC 芯片的一般应用电路图

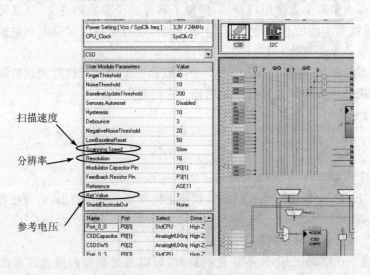

图 5.54　CSD 模块的参数设置

② 分辨率：它决定最大原始计数值的范围。如 12 的分辨率，它的最大原始计数值为 2^{12} = 4096。分辨率并非越大越好。大的分辨率可以带来高的灵敏度，但由于表示手指信号大小的差值仅使用一个字节来表示，如果由于过高的分辨率导致差值超过了 8 位数 256，它的灵敏度将被损失，信噪比减少。所以设置分辨率以使最大的手指信号大小适合一个字节数的大小即可。CSD 模块的分辨率选择范围为 9～16 位。

③ 外部放电电阻 R_b：其值对原生计数值的大小或手指信号的灵敏度有很大的影响。一般通过选择 R_b 来使基本线的值（大致对应无手指触摸的原生计数值）等于分辨率所决定的最大原始计数值的 70%，即 $2^N \times 70\%$，N 为分辨率。这样使手指的触摸信号有一个比较高的灵敏度和信噪比，同时在基本线值的上面留有一定的空间，不至于因为环境等外部因素的影响使基本线出现波动上升后，在手指触摸时，导致原生计数值超过分辨率所决定的最大原始计数值而产生溢出错误。

④ 参考电压 V_{REF}：它可以作为一个在程序中设置的参数，用于补偿上面 3 个参数设置后在不同的感应器上产生的不一致。当在一个触摸感应系统中有多个触摸感应按键（见图 5.55）时，由于各个按键离 PSoC 芯片的远近不同和补板的差异，会使得不同的按键有不同的 C_P，同样的扫描速度、分辨率和 R_b 参数设置，不一定得到同样的基本线值。如果近端的按键基本线值被设置为最大原始计数值的 70%，那么远端的按键基本线值，可能因为它有比近端按键更大的 C_P 而比最大原始计数值的 70% 大很多。这时可以在程序中为每一个按键设置一个合适的 V_{REF}，以便所有的按键都有一致的基本线值，进而有一致的灵敏度。参考电压的参数 REF 值可选 0～8，它对应 V_{REF} 的电压为 $V_{dd}/4 \sim 3V_{dd}/4$。

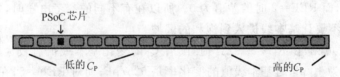

图 5.55 触摸感应系统中有多个触摸感应按键

为了使每一个触摸按键有独立的 V_{REF} 或者独立的扫描速度和分辨率，在程序中将不能使用函数：

```
InitializeAllBaselines()
```

因为，该函数是对所有的按键使用相同的参数来进行扫描进而确定基本线的初始值。可以使用下面的示例程序，为每一个按键设置独立的参数再做扫描：

```
for(i = 0; i< CSD_TotalSensorCount; i ++)
{
  if (i == 0)                          //按键 0
  {
```

```
        CSD_SetScanMode(CSD_NORMAL_SPEED,14);
        CSD_SetRefValue(6);
    }
    if (i == 1)                                //按键 1
    {
        CSD_SetScanMode(CSD_NORMAL_SPEED,15);
        CSD_SetRefValue(3);
    }

    CSD_ScanSensor(i);                         //扫描按键
}
```

图 5.56 至图 5.59 给出了 REF 在 2、3、4、5 时的基本线值与 R_b 的关系曲线,差值信号与基本线的关系曲线,差值信号与 R_b 的关系曲线和基本线值与 C_P 的关系曲线(扫描速度=快,分辨率=15)。从这 4 个曲线图中可以得到下面一些结论:

① R_b 越大,基本线越大;而参考电压越低,基本线随 R_b 上升的斜率越快。R_b 大到一定程度,基本线饱和。

② 差值信号随着基本线的增加而增加。信噪比 SNR 不变。但基本线快接近最大值时,差值信号或灵敏度减少,信噪比 SNR 也下降。

③ R_b 的大小对信号的灵敏度有很大的影响,尤其是在参考电压不同时。从图 5.58 中可以看到,当 R_b 的值为 7.5 kΩ 时,REF=4 时的差值高达 350,REF=5 时的差值为 260,REF=3 时的差值为 130,而 REF=2 时的差值为 0。所以在有不同的参考电压时,要小心选择 R_b,对最小的参考电压,不要让基本线进入到饱和的区域。

④ 从图 5.59 可见,在 R_b=2.2 kΩ 时,随着 C_P 的变化基本线值有较大的变化率。比如,对 REF=2,在 C_P 为 10 pF 时基本线值的变化率是 625/pF;而对 REF=5,在 C_P 为 10 pF 时基本线值的变化率是 400/pF。由此可以看到在 R_b=2.2 kΩ 时,已经有很好的触摸灵敏度。但随着 C_P 逐渐增大,基本线值的变化率也慢慢地减小。所以在 PCB 布板时能使触摸感应按键有一个合适的 C_P(10~20 pF)对在调试时获得一个好的灵敏度是非常有益的。

⑤ 由图 5.56 和图 5.58 可以看到:为了得到好的灵敏度,R_b 不能太小,但过大的 R_b 有可能使基本线饱和。为了得到好的灵敏度又不会出现基本线饱和,R_b 就必须选择在项目中所使用的最小参考电压设置下,使基本线的值达到最大值的 70%~80%为宜。

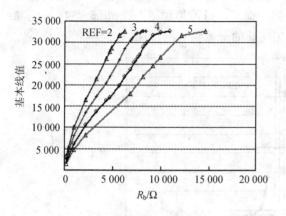

图 5.56 基本线值与 R_b 的关系曲线

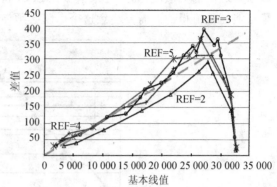

图 5.57 差值信号与基本线的关系曲线

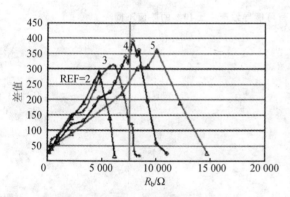

图 5.58 差值信号与 R_b 的关系曲线

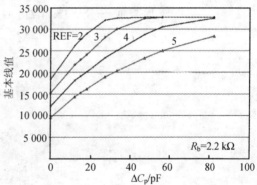

图 5.59 基本线值与 C_P 的关系曲线

对于外部元件放电电阻 R_b 和充电电容 C_{mod} 精度的考虑有：R_b 推荐使用 1% 精度的电阻，而 C_{mod} 任何精度的电容都可以。参考图 5.60，对于一个 ±5% 精度的 R_b 有可能导致产生 ±40% 的差值不同，这在量产时可能导致产品的严重不一致性。

而充电电容 C_{mod} 经过测试，它的值从 1～100 nF 对灵敏度和噪声的影响都小于 10%，因而对它的精度没有什么要求。

在充电电容 C_{mod} 上并联一个泻流电阻(也称之为 Håkan 电阻)R_h,经测试,它对噪声的抑制有很好的效果。虽然并联 R_h 后,触摸信号的灵敏度会有所下降,但重新调整 R_b 以后仍然可以恢复之前的灵敏度,如此一来信噪比 SNR 得到了提升。虽然增加了一个外部元件,但提高了性能还是值得的。需要注意这个电阻必须使用优质的金属膜电阻,阻值为 $15\sim100\ \text{k}\Omega$。

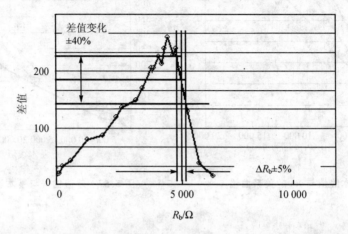

图 5.60 一个 ±5% 精度的 R_b 有可能导致产生 ±40% 的差值不同

第 6 章

触摸感应的低功耗应用

6.1 影响功耗的因素

6.1.1 功耗在 PSoC 内各资源的分配

表 6.1 给出了 PSoC 内所有资源的功耗分配,它以电流消耗的方式来表示。除了 CPU 时钟以外,表中的电流值都是对应一个单元或一个单位资源所消耗的电流。如果相同的资源有 n 个,则该类资源所消耗的电流要乘以 n。

例如,一个应用,它使用 4 个数字模块在 3 MHz 的时钟频率,5 个模拟模块在低的功率等级/高的运放偏置,20 个 I/O 口在 0.25 MHz 的时钟,4 个排总线也在 0.25 MHz 的时钟,一个输出缓冲器在高的运放偏置和 3.3 V 的供电,12 MHz 的 CPU 时钟,通过查表和计算可以得到芯片所消耗的电流 I 和功耗 P,分别是:

$$I=(2.764+4\times 0.035+5\times 0.3+20\times 0.015+4\times 0.011+2.0)\text{ mA}=6.748\text{ mA}$$
$$P=I\times V=(6.748\times 3.3)\text{ mW}=22.268\text{ mW}$$

从表 6.1 中还可以得到如下一些关系:
- 功耗与 V_{dd} 电压成正比;
- 功耗与 CPU 的时钟频率成正比;
- 数字模块的功耗与数字模块的时钟频率成正比;
- 排总线功耗与排总线的时钟频率成正比;
- GPIO 的功耗与 GPIO 的时钟频率成正比;
- 模拟模块功耗与模拟块的功率等级成正比;
- 参考电路和模拟输出缓冲器功耗与模拟资源的运放偏置成正比;
- 总的功耗与所使用资源的数目成正比,所使用的资源越多功耗越大。

表 6.1　PSoC 内资源功耗分配表

类别	V_{dd}	mA/单元			类别	V_{dd}	mA/单元		
		5 V	3.3 V	3 V			5 V	3.3 V	3 V
频率					GPIO 时钟				
CPU 时钟	24 MHz	6.475	3.717	3.23	GPIO	6 MHz	0.253	0.158	0.142
	12 MHz	5.031	2.764	2.363		3 MHz	0.129	0.084	0.076
	6 MHz	4.308	2.287	1.93		1.5 MHz	0.068	0.046	0.043
	3 MHz	3.947	2.049	1.714		0.5 MHz	0.026	0.022	0.021
	1.5 MHz	3.767	1.929	1.605		0.25 MHz	0.016	0.015	0.015
模块时钟					排时钟				
数字模块 DBB DCB	48 MHz	0.939	0.497	0.419	排总线	6 MHz	0.168	0.095	0.082
	24 MHz	0.474	0.251	0.211		3 MHz	0.09	0.051	0.044
	12 MHz	0.241	0.128	0.108		1.5 MHz	0.051	0.029	0.025
	6 MHz	0.125	0.066	0.056		0.5 MHz	0.025	0.014	0.012
	3 MHz	0.066	0.035	0.03		0.25 MHz	0.018	0.011	0.009
	1.5 MHz	0.037	0.02	0.017	模拟功率				
功率等级/运放偏置					参考电路电流	SC Off/Ref Low	0.357		
模拟模块 ACB ASC ASD	High/High	4.8				SC Off/Ref Med	1.399		
	High/Low	2.4				SC Off/Ref High	5.359		
	Med/High	1.2				SC On/Ref Low	0.385		
	Med/Low	0.6				SC On/Ref Med	1.419		
	Low/High	0.3				SC On/Ref High	5.419		
	Low/Low	0.15			运放偏置				
					模拟输出缓冲器	High	2.6	2	1.894
						Low	1.1	0.8	0.747

　　从以上关系式可以知道,选择合适的工作电压和 CPU 时钟频率对降低功耗是非常重要的。在满足应用的条件下,应尽可能选择比较低的工作电压和 CPU 时钟频率。模拟资源的功耗往往占用 PSoC 总功耗的一个相对大的比例。对于模拟资源,模拟的功率等级和运放偏置的设置对功耗的影响也比较大。同样在满足应用的条件下,应尽可能选择较低的功率等级和运放偏置。对于没有使用的模拟资源应该将它对应的功率等级设置成 Off 以切断它的供电,减少漏电。对于间断使用的模拟资源,应该在不使用的时候将它对应的功率等级设置成 Off,在需要使用的时候再把它打开,以尽量减少它的平均功耗。

6.1.2 用 SLEEP 方式降低功耗

便携式设备通常会有很多的待机时间。对于便携式设备用 SLEEP 方式降低功耗是所有嵌入式芯片降低功耗的最有效的方法之一。由于 PSoC 包含有一个 SLEEP 定时器,因此,它允许用户使用两种方式使 SLEEP 来降低功耗:它们是空闲方式和深度 SLEEP。

6.2 空闲方式

PSoC 在 5 V 供电时处于 SLEEP 状态的电流消耗仅 3 μA。PSoC SLEEP 定时器可在 PSoC 处于 SLEEP 状态时提供定时中断主动唤醒 PSoC 激活程序。SLEEP 定时器可设置1 s、1/8 s、1/64 s 和 1/256 s。空闲方式的工作示意图,如图 6.1 所示。待机时,它使 PSoC 在某一个固定的周期里唤醒 PSoC 一次,激活程序查寻是否有外部事件,或者扫描按键。如果有外部事件或者触摸按键被按,则使 PSoC 继续处于激活状态,处理事件;否则 PSoC 重新进入睡眠状态。

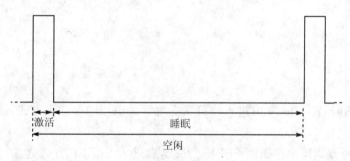

图 6.1 空闲方式示意图

这时,PSoC 的平均电流为

$$I_{平均} = \frac{t_{激活} I_{激活} + t_{睡眠} I_{激活}}{t_{激活} + t_{激活}}$$

由上式可见,在空闲阶段,只要激活的时间相对睡眠的时间足够的短,平均功耗就很小。在进入 SLEEP 之前必须将 SLEEP 中断打开:

INT_MSK0 |= INT_MSK0_Sleep;

空闲时间的长短,除了标准的 SLEEP 定时器设置,也可以使用多个标准的 SLEEP 间隔来改变它的周期,如:

M8C_Sleep;
M8C_Sleep;
M8C_Sleep;

它的 SLEEP 时间间隔是 3×(1/8) s(假定 SLEEP 定时器设置 1/8 s)。

在触摸按键比较多的情况下,为了保持在 SLEEP 时有快的触摸响应,一个激活扫描和睡眠的周期就不能太长。这时激活扫描的时间相对整个周期就会比较大,影响平均功耗。为了既能保持在 SLEEP 时有快的触摸响应,又能够得到很低的平均功耗,可以考虑在一个激活扫描和睡眠的周期中激活扫描触摸按键时,仅扫描某一个特定的按键,如 On/Off 键或启动/开始键,仅当这个键被激活以后,才退出 SLEEP 状态进入工作状态。这样在一个激活扫描和睡眠的周期中激活扫描触摸按键的时间被大大缩短,平均功耗也就大大降低。

6.3 深度睡眠方式

相对空闲方式,深度 SLEEP 方式就是空闲方式中激活的时间等于零或几乎等于零。即只要进入待机状态,就使 PSoC 的功耗降到最低。唤醒必须通过复位或外部 I/O 口事件触发 I/O 中断来实现。例如:

```
While(Idle = = 1)
{
    M8C_ClearWDTAndSleep;
    M8C_Sleep;
}
```

当 PSoC 激活时,置 Idle 为 0;进入待机状态时置 Idle 为 1。这种方式,通常将 SLEEP 中断禁止。

无论是在空闲方式还是在深度 SLEEP 方式,在进入 SLEEP 方式之前,都必须注意以下几点:

① 将所有的非触摸感应 I/O 口设置成高阻输入或者 Strong 输出模式,在 Strong 输出模式设置相应的电平,使进出 I/O 口的电流为零。

② 通过调用 CSX_Stop()(X 为 D、A 或 R)函数使触摸感应用户模块停止工作。

③ 将其他的模拟资源功率等级设置成 Off,切断所有模拟资源的电源供给。

④ 设置全局中断允许:

M8C_EnableGInt;

⑤ 清除所有现场的和待定的中断请求:

INT_VC = 0;

⑥ 如果 Watchdog 看门狗被使用,也可以暂时禁止它,或者如上面的程序不断给它清零。需要说明的是,看门狗定时器共享 SLEEP 定时器,但时间是 SLEEP 定时器的 3 倍。

6.4 充电泵

大多数 PSoC 芯片都有一个充电泵电路,这对便携式设备非常有用,因为便携式设备通常使用电池供电。PSoC 的充电泵可以使用户的便携式设备的电池电压下降到 1.1 V 时 PSoC 芯片和设备仍然能工作,当然它也取决于负载电流的大小。

充电泵电路如图 6.2 所示。它需要 3 个外部元件:一个电感 L_1,一个二级管 D1 和一个旁路电容 C_1。如果在全局资源的参数设置中设置 SwitchModePump 为 On,那么当 V_{dd} 的电压超过复位电压后,充电泵电路就开始工作了。一旦电池电压下降导致 V_{dd} 电压低于参考电压 V_{REF},则充电泵电路就在 SMP 脚上输出 1.3 MHz 的脉冲信号,使由片内和片外共同组成的升压电路工作。V_{dd} 将上升到一个合适的电压,PSoC 将继续正常工作。参考电压 V_{REF} 可以在全局资源的参数设置中设置,也可以通过设置寄存器 VLT_CR 的值来设置。它总是比低电压检测 LVD 的值要略微高一些。在 SLEEP 方式,充电泵电路也仍然工作。但这时 PSoC 的电流消耗会比正常的 SLEEP 方式的电流要大。对于有些精确的测量,如 A/D 转换,也可以短时间关掉充电泵电路,以减少该电路工作时在 V_{dd} 上产生的噪声。

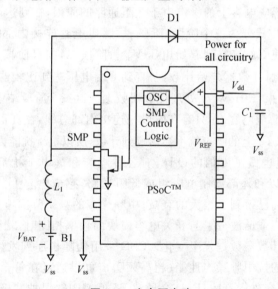

图 6.2 充电泵电路

根据具体的应用,电感 L_1 可选 1~10 μH,而电容 C_1 的典型值为 10 μF,二级管可选肖特基二级管。

由于 PSoC 里面的资源比较多,正常工作时它的功耗可能较其他芯片会高一些。但 PSoC 在 SLEEP 方式工作时有非常低的功耗,在 5 V 供电时它的典型值是 3 μA,在 3.3 V 供电时它的典型值是 2 μA。正确地使用 PSoC 的内部资源和采用合适的 SLEEP 工作方式,以及充电泵的使用,使得 PSoC 在便携式设备的应用中能发挥更多的优势。

第 7 章

触摸感应的噪声缩减和抗干扰

在电容式触摸感应的应用中,噪声和干扰有可能严重影响触摸感应的性能。一个触摸感应的应用设计,它的抗噪声和干扰的能力不仅与所选用的电容式触摸感应方案有关,也与PCB的布板走线设计密切相关。干扰源的远近强弱和频谱特性以及是否能实施对干扰的有效隔离或滤波,是抗干扰的关键。如果在触摸感应的应用设计之初对此有充分的考虑和重视,将会获得事半功倍的效果。在设计的后期,软件的数字滤波也是抗噪声和干扰的有效方法。

在 CSA 设计中,抗干扰能力体现在两个方面。其一,采用了开关电容电路,它和外部调制电容组成了低阻通路,感应电容上的噪声由于低阻通路的原因,在到达调制器之前已得到了很大的衰减。其二,CSA 方式分为三个阶段:阶段一,感应电容连接内部模拟总线,完成初始化的工作,通过开关电容使 C_{mod} 恢复到起始电压 V_{Start};阶段二,扫描阶段,此时开关电路部分断开,由恒流源给 C_{mod} 充电,计数器开始计数,一直到 C_{mod} 电压达到比较器参考电压发生翻转,计数结束;阶段三,扫描结束,Firmware 处理计数器数据。这三个阶段结束就完成了一次扫描,然后会进入下一次扫描。感应电容 C_x 只有在阶段一连接内部总线,在真正的测量计数阶段,阶段二和三都是断开的,那么 C_x 上的噪声就不会影响到计数,所以抗干扰能力大大提高了。

CSD 在抗干扰方面也做了专门的设计,对各种噪声和静电干扰都有显著提高。首先和 CSA 相同,开关电路可以和外部调制电容组成低阻通路,感应电容上的噪声由于低阻通路的原因,在到达调制器之前已得到了很大的衰减;中频噪声的频率范围覆盖了 PSoC 的工作频率范围,因此当噪声的频率或谐波分量与开关电容模块的频率相同时,就会导致调制器的充电电流发生变化,从而使得计数器数据发生变化。CSD 采用伪随机序列发生器控制开关 1 和 2 的切换,从而可以有良好的抗中频噪声性能;超高频噪声可以通过在每个 Sensor 的 I/O 口串联一个电阻和并联一个电容进行衰减;ESD 会导致 PSoC GPIO 保护二极管瞬间导通,从而使得计数器值会有来回波动,在目前 CSD 方案中,可以用 Firmware 来减小或消除静电干扰。

7.1 布板与灵敏度和噪声

在 CapSense 电容触摸感应的具体应用中,布板的优劣与系统的性能有很大的关系。虽然包含 CapSense 模块的 PSoC 芯片有高度的集成性,其外围的元件很少,系统的灵敏度和噪声以及抗干扰性能仍然与布板休戚相关，一个好的布板可以起到事半功倍的效果。下面将从最基本的布板开始介绍。

7.1.1 感应按键和地之间的间隙

在可能的情况下，地平面和感应按键可以安排在同一层。感应按键和围绕它的地之间的间隙对这个按键的寄生电容 C_P 有很大的影响。图 7.1 是感应按键和地之间的电场分布示意图。寄生电容 C_P 与这个电场分布直接相关。

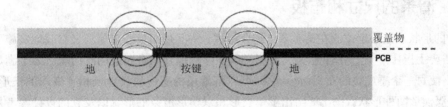

图 7.1 两个按键与地之间的电场分布

由电容的基本原理可以知道，如果这个间隙越小，电容 C_P 也就越大；反之这个间隙越大，电容 C_P 也就越小。图 7.2 给出了使用 3 个直径分别为 5 mm、10 mm 和 15 mm 的感应按键与围绕它们的地的间隙大小和电容 C_P 之间的曲线。这个曲线是使用 FR4 的板材并且厚度为 1.57 mm，上面没有覆盖物，感应按键的下面没有金属的情况下测试的。从这个曲线可以看到感应按键的直径越大（相应的周长越大），C_P 也越大，这也是和电容的基本原理相符合的。一个典型的按键与地之间的间隙设计为 0.5 mm。

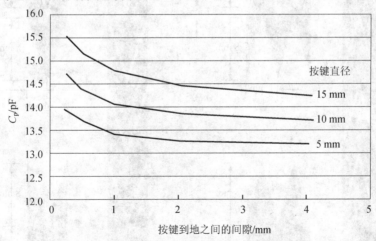

图 7.2 按键与地之间的间隙及按键的直径和 C_P 的关系曲线

7.1.2 感应按键之间的距离

感应按键之间的最小距离就是前面提到的按键与地之间的间隙。对于靠得很近的感应按键,当手指触摸两个按键的中间区域时,两个按键会同时有很强的信号输出。这时需要通过软件按照事先设定的规则来决定它们的合法性。

当两个按键靠得很近时,为了避免在扫描时按键之间的相互影响,可以在扫描一个按键时,通过设置 PSoC 的 I/O 口将邻近的按键接地,因为 PSoC 在扫描时一次扫描一个按键。将邻近的按键接地,不仅有助于减少按键之间的相互影响,而且有助于提高灵敏度。如果相邻按键之间的距离比较大的话,在按键之间可以用地填充。

7.1.3 滑条的尺寸和布板

滑条的形状和重心定位法在第 4 章已经介绍过。为了使用重心定位法来有效地实施手指的定位,它就需要手指在滑条上滑动时,某一时刻必须能够触摸到两个以上的感应块。为了满足这个条件,而又不使每一个感应块的面积缩小太多,可以将滑条的感应块设计成相互嵌入的楔形,楔形有单楔形和双楔形两种形状。图 7.3 给出了单楔形和双楔形滑条的形状以及它的设计参考尺寸。感应块的最少数量应该不少于 5,而最大数量没有限制,取决于可用于感应按键的 I/O 口数。

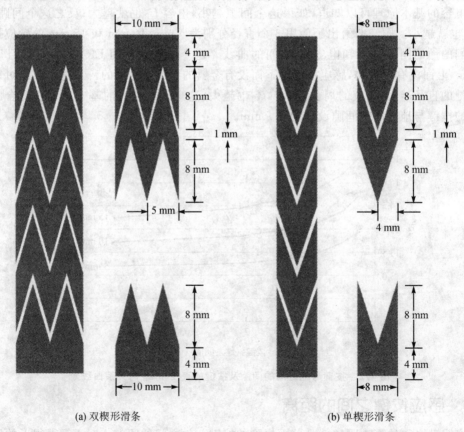

(a) 双楔形滑条　　　　　　　　　　(b) 单楔形滑条

图 7.3　推荐的单楔形和双楔形滑条的形状以及它的设计参考尺寸

至于滑条和周围地之间的距离可以比按键大一些,滑条感应块之间的距离典型值是 1 mm,如图 7.3 所示。

7.1.4 触摸板

触摸板能够实现二维的定位。为了实现二维的定位,就需要它的感应块面积比按键和滑条更小,为了获得足够的手指灵敏度,上面覆盖物的厚度将受到限制,一般小于 1 mm。CpaSense 模块通过使用两个滑条可以直接支持触摸板,滑条定位的算法可以直接用到触摸板上。

触摸板的尺寸和多种因素有关,包括分辨率、实际的物理安装及可用的 I/O 口数目等。

7.1.5 感应按键的走线

从感应按键到 PSoC 芯片的引脚的走线是非感应区域,它只是提供电气的连接。但它的走线方式和尺寸对感应按键有很大的影响,如果设计不当会带来不利的影响。在 CapSense 项目的 PCB 布板中应该使它对感应按键的影响最小化,即最小化由感应按键到 PSoC 芯片的引脚的走线产生的感应信号。

1. C_P 最小化

任何与地线平行的感应按键的走线都会增加感应按键与地之间的寄生电容 C_P,而基本线的值是直接对应于 C_P 的大小。感应按键手指信号的动态范围是由最大的原始计数值与基本线的差决定,而最大的原始计数值被 CapSense 用户模块里的计数器或分辨率所限制,为了保证感应按键既有足够的感应按键手指信号的动态范围,又不使最大的计数值超过计数器或分辨率所限制的值而产生溢出,就需要使 C_P 最小化。

2. 走线长度

从感应按键到 PSoC 芯片的引脚的走线越长,基本线的值也就越大,但它对手指信号的差值没有贡献。因为走线越长,对地的寄生电容越大,增加 C_P。另外,长的走线也容易被噪声信号耦合。所以原则上讲,走线越短越好。那么到底多长是好呢?实践证明,对于感应按键最长 300 mm 的走线,而对于滑条最长 230 mm 的走线有过成功的案例(在按键的尺寸为 43 mm×13 mm,滑条感应块的宽度为 13 mm 楔形的情况)。

3. 走线宽度

宽的走线增加寄生电容 C_P,而且在多层板的情况下通过它的面积增加与地或其他信号线的耦合。一般对于大多数应用,0.17~0.20 mm 的线宽就足够了。

4. 走线的走向

感应按键的走线应该尽量避开其他感应按键的区域,以免影响其他感应按键或被其他感应按键影响。不要与其他的感应按键的走线靠得太近或者与高频的通信线（如 I^2C 总线、SPI 通信线）平行走线。可能的话尽量采用在不同层上垂直交叉走线，如图 7.4 和图 7.5 所示。

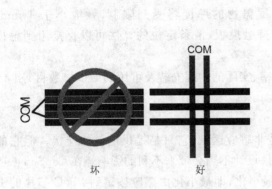

图 7.4 多层板感应按键的走线与通信线走线的处理

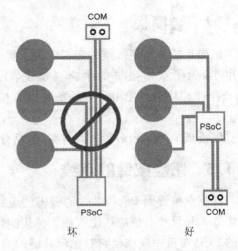

图 7.5 同一层上感应按键的走线与通信线走线的处理

通过合理地安排芯片的引脚可以改善感应按键走线和通信线之间的走线。图 7.6 是一个 32 脚 QFN 封装的 PSoC 芯片，它可以将通信线安排在端口 1，而感应按键的引脚安排在其他端口。这样它们的走线自然就不会在一个方向，而被隔离开来，如图 7.6 所示。

PSoC 芯片的 P1[0] 和 P1[1] 引脚一般被用作编程和 I^2C 通信。如果芯片的引脚够用的话，不要将它们用作感应按键的引脚和编程脚复用，以免在布板不理想的情况下由通信线将噪声引入感应键的输入。

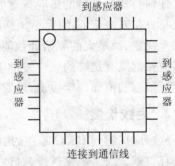

图 7.6 合理地安排芯片的引脚将按键走线和通信线的走线分开

5. 过 孔

为了最小化 C_P 应尽量减少过孔的数目。一般感应按键的走线从 PCB 板的底部经过孔与感应铜箔相连，如图 7.7 所示。过孔可以放在感应铜箔的任何地方，放在中间看起来有对称的感觉，而放在边上，走线被最小化。

6. 铺 地

以 100% 的方式铺地是没有必要的，反而会增加每一个感应按键的 C_P。如果铺地和感应按键在同一层，有 40% 的网格铺地就足够了；如果铺地和感应按键不在同一层，可以使用

60％～80％的网格铺地，如图 7.8 所示。

过孔在中间,看起来对称　过孔在边缘,同样的效果但有最短的走线

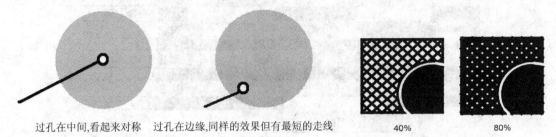

图 7.7　过孔可以放在感应铜箔的任何地方

40%　80%

图 7.8　40％和 80％的网格铺地

相对感应按键，有多种铺地的方式可以选择，它们对按键的影响也各不相同。下面给出了 6 种常用的铺地方式，原则上讲它们的性能优劣从上到下排列，即第①种最好，第⑥种最差。

① 地与按键同在顶层，底层没有铺地。

② 铺地在底层，但在对应按键的区域没有铺地。

③ 地与按键同在顶层，底层也有铺地。

④ 铺地在底层，但在对应按键的区域也有铺地。

⑤ 顶层没有铺地，铺地仅在按键相对的底层区域。

⑥ 在顶层和底层都没有铺地。

7.1.6　多层板

大多数 PCB 板是两层的。上层是感应器铜箔，感应器走线在底层，底层还包括 PSoC 芯片在内的所有的元件，如图 7.9 所示。在一些简单的系统中使用单层板也是可能的，但它可能需要使用一些跳线。

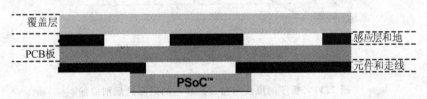

图 7.9　双层板布板剖面图

在板子的面积很小的情况下（比如在手机的应用），可以使用 4 层板。这样在顶层集中了所有的感应器，推荐感应器的走线在第二层，地线在第三层，所有的元件在底层，如图 7.10 所示。这时虽然板子的空间很有限，感应器的走线也应尽量不要经过其他感应器的正下方，而从它们的边沿绕过，以尽量减少不必要的感应面积。

图 7.10　四层板布板剖面图

板子的厚度

一般使用 FR4 基材厚度在 0.5 mm、1.2 mm 和 1.6 mm 的板子有比较好的性能。使用更厚的 FR4 板子和使用 Kapton 基材的柔性电路板可能会牺牲一些灵敏度。

柔性电路板比较薄,那么板子可以薄到什么程度呢?一个好的规则是感应器和地之间的间隙要小于板子的厚度。推荐的板子的厚度与这个间隙的比例是 2∶1 或更大,如图 7.11 所示。尽管这样,更厚的柔性电路板比较薄的柔性电路板的效果要更好一些。

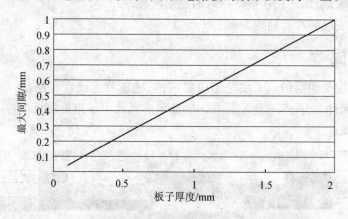

图 7.11　板子的厚度与感应器和地的间隙的规则曲线

7.1.7　覆盖物

感应器的上面总是被覆盖物所覆盖。覆盖物不仅将包含感应器的电路板与外界隔离开,而且有美化产品的作用。

在电容感应的应用中,所使用的覆盖物必须是不导电的。金属和导电的材料将屏蔽掉感应的电场。为了使设计的感应器的电场不被屏蔽,所以要使用不导电材料作为覆盖物。但不同的不导电材料它们的电特性也是不一样的,这表现在它们的介电常数上。由于手指是导电的,而感应系统是由一定几何形状的感应铜箔、手指、由某种电的激励产生的磁场以及覆盖物所组成,介于感应铜箔和手指之间的覆盖物,由于它们的介电常数不同,也会影响感应系统的寄生电容 C_P 的大小和由于手指触摸而产生的变化 C_F 的大小,进而影响触摸的灵敏度和噪声。表 7.1 给出了一些常用覆盖物的材料和它们的介电常数。对于 CapSense 的电容感应,介电常数在 2.0~8.0 的覆盖物都是可选的。但对于相同厚度,更大介电常数的材料将会有更好的灵敏度。

表 7.1 普通材料的介电常数

材料	介电常数	击穿电压/(V·mil^{-1})	材料	介电常数	击穿电压/(V·mil^{-1})
空气	1.0	30~70	丙烯酸树脂玻璃	2.8	450
普通玻璃	7.8	200	聚碳酸酯	3.0	400
硼钛酸盐玻璃	4.8	340	迈拉 PED 膜	3.2	7000
福米卡塑料	4.6~4.9	450	FR4	4.9	700
ABS	2.4~3.8	410	干燥的木材	1.2~2.5	100

空气的介电常数是 1.0,它是不适合作为电容感应上的覆盖物的。换句话说在覆盖物和感应铜箔之间不应有空气间隙。

灵敏度与覆盖物的厚度成反比。图 7.12 是灵敏度与某一种覆盖物厚度关系曲线。

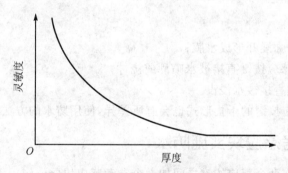

图 7.12 灵敏度与覆盖物厚度的关系曲线

7.1.8 感应器在子板上

有时 PSoC 芯片和感应按键不在同一个板子上,而用一个连接器将它们连接起来。对于感应按键子板的布板,前面所提到的布板原则仍然是适用的。但在子板上的感应按键数目不宜太多,并且它们之间的连接线要通过机械的方法将其固定起来,使它有最小的震动。连接线的长度加感应按键的走线长度应不大于前面所提到的走线长度。

7.1.9 LED 背光

CapSense 电容感应可以在有 LED 背光的情况下很好地工作。通过在感应键的中间开一个孔,将表面贴装的 LED 贴在这个孔的下面(底层),它可以透过这个孔将上面透明或半透明的覆盖物照亮。必须使 LED 的走线在板子的底层,如果有多个 LED 在不同的按键下面,应确保这些 LED 背光不会影响正常的按键感应区域。

7.2 防 水

触摸感应的应用也常常被使用在有水的环境里。比较典型的例子有:在白色家电中的洗衣机、电磁炉、煤气灶、冰箱及豆浆机等,另外船用的捕鱼探测器和海水深度探测器也是有水的环境。众所周知水是导电的,尤其是含盐和矿物质的水,其含量越高,导电性越强。如海水、肥皂水及矿泉水等都属于这种情况。水落在电容感应按键上,其产生的效果非常类似手指的触压,很容易产生误触发。如何解决水的误触发问题,对所有的触摸感应技术都是一个挑战。

CapSense CSD 触摸感应技术使用两种方法来解决水的误触发问题。它们是通过施加保护电极(shield electrode)或使用参考感应块(guard)来实施防水的。

在讨论这两种方法之前,先来看一看水是通过哪几种方式来影响感应按键的。下面是几种可能的方式:

- 水滴;
- 水膜,大的水滴弥漫开形成水膜;
- 喷洒水、浇水,感应按键直接被水喷洒或浇冲;
- 浸没,感应按键直接被水浸没。

不同的方式对感应按键的干扰形式也会有所差异,使用防水的方法也应有所侧重。

7.2.1 使用参考感应块实施防水

如图 7.13 所示,在两个感应按键之间加一个参考感应块(guard)。当有水膜或喷洒水时,感应按键 S1 和 S2 由于水的影响,电容增加,原始计数值也增加。但参考感应块 G 由于水的影响,电容也增加,原始计数值也增加。两者增加的值会差不多,通过软件判断可以知道不是由于手指触摸 S1 或 S2。

如果感应按键之间靠得比较近,不能加一个参考感应块,可以使用一个环形的参考感应块,如图 7.14 所示。环形的参考感应块尽可能近地将所有的感应按键包围起来。对于环形的参考感应块,由于很难保证它对地的寄生电容 C_P 与感应按键对地的寄生电容 C_P 保持一致,而且由于水的影响而产生的电容的变化量与感应按键产生的变化量有一定的差异,所以在调试时,必须先测试环形的参考感应块受水的影响而产生的原始计数值的变化,并将其存储起来。

在每次扫描所有按键(包括参考感应块)后,判断有无手指触摸之前,先检查参考感应块的原始计数值的变化是否达到或接近先前存储的值,如果是,说明它已经受到了水的影响而不用判断感应按键的手指触摸;否则再依次判断有无手指触摸。

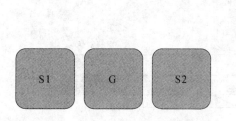

图 7.13　两个感应按键之间加参考感应块　　　　图 7.14　环形参考感应块

7.2.2　使用保护电极实施防水

使用保护电极(shield)加参考感应块是实施防水的有效方法。如图 7.15 所示,在感应按键周围铺铜作为保护电极取代前面所讨论的铺铜作为地。在其中嵌入参考感应环,这样在绝缘覆盖层表面存在水膜时,保护电极与感应按键之间的耦合度将增加。保护电极让用户能够减少寄生电容值的影响,而且提供了用于处理感应电容变化的更大动态范围。在某些应用中,选择保护电极及其相对于感应按键的位置,以达到增加这些电极间的耦合度和手指触摸时感应按键电容值测量的相对变化,这样可以简化高层软件 API 的工作量。CSD 用户模块支持保护电极的单独输出。

1. 可能保护电极印刷电路板的设计方式

图 7.15 和图 7.16 说明了一种按键保护电极可能的放置方式。在本例中,按钮被一个保

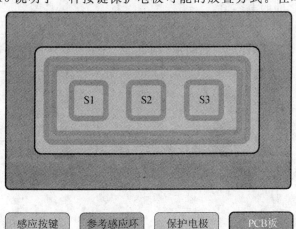

图 7.15　使用保护电极加参考感应块实施防水(俯视图)

护电极铺面所包围,而一个环形的参考感应块也嵌入到保护电极铺面中。另一种替代方法是保护电极也可以位于下面的印刷电路板层,包括按钮下方的铺铜层。在这种情况下,建议采用一种网格铺铜形式,并让填充率达到 30%~40%,在这种情况下不需要任何额外的接地层。

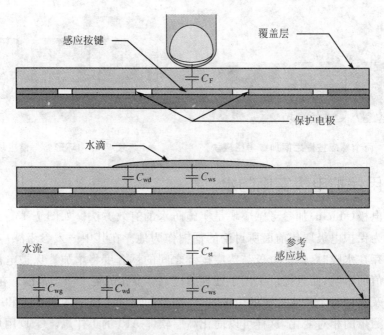

图 7.16　使用保护电极加参考感应块实施防水(剖面图)

图 7.17 是使用保护电极的等效原理图。

图 7.17 中 C_s 为总感应器的电容值;C_{par} 为保护电极与感应传感器之间的电容值。

开关 Sw_1 和 Sw_3 在相位 ϕ_1 导通,开关 Sw_2 和 Sw_4 在相位 ϕ_2 导通。C_{par} 在相位 ϕ_1 期间放电,并在 ϕ_2 相位期间充电。调制器电流是 C_s 和 C_{par} 电流的代数和,并可通过下式来评估:

$$I_{mod} = I_C - I_{C_{par}} = f_s C_s (V_{dd} - V_{C_{mod}}) - f_s C_{par} V_{C_{mod}} \quad (7-1)$$

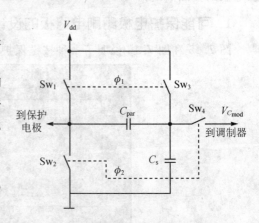

图 7.17　使用保护电极的等效原理图

在仅有手指触摸感应器时,如图 7.16 上,I_{mod} 仅随着 C_s 的增加(C_F)而增加,原始计数随着 I_{mod} 的增加而增加。C_{par} 不变,对 I_{mod} 和原始计数值的变化没有影响。软件可以通过原始计数值的增加量判断得到手指触摸信息。

在有水滴存在于保护电极和感应器之间时,如图 7.16 中,水滴和保护电极与感应器之间的电容分别为 C_{ws} 和 C_{wd},这时 C_s 和 C_{par} 都有增加,大小相当。由式(7-1)可知,由于包含 C_s 的第一项和包含 C_{par} 的第二项是相减的关系,所以,虽然 C_s 和 C_{par} 都有增加,但电流 I_{mod} 却基本不变,因而不会产生有手指触摸的错误判断。

由于第一项 C_s 的系数和第二项 C_{par} 的系数有可能不同,导致在有水滴时 C_s 和 C_{par} 都有增加,电流 I_{mod} 可能发生正或负的变化。可以在实际的调试中,通过软件 API 来调节调制器参考电压 V_{REF} 使 $V_{C_{mod}}$ 有一个适当的值,来保证电流 I_{mod} 基本不变,这样,由于水滴所引起的原始计数值的增加应当接近于零或很小的负值。

CSD 用户模块支持保护电极,图 7.18 是 CSD 用户模块保护电极输出到 I/O 口的内部路由图。

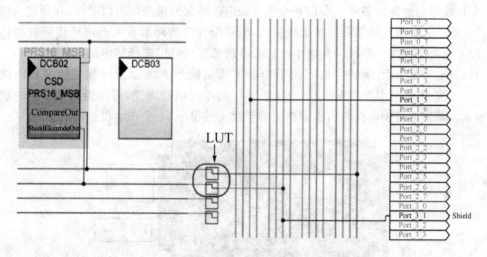

图 7.18　CSD 用户模块保护电极输出到 I/O 口的内部路由图

2. CSD 模块到保护电极的连接

CSD 模块有一个保护电极(shield electrode)的输出,在使用 CSD 模块的保护电极时,这个保护电极的输出可以连接到任何空闲的行输出总线上。对于行 LUT(图 7.18 用圆标记的功能块)功能,用户可以通过单击 LUT,并选择逻辑运算 A,即数字缓冲器功能,如图 7.18 所示。

LUT 的输出经全局的输出总线,使保护电极可以连接到任何适合的 PSoC 引脚,再从这个引脚连接到保护电极。引脚的驱动模式可以设置成"强缓慢(strong slow)"以减少地噪声和电磁干扰辐射。在 PSoC 器件与保护电极之间可以加一小的串联电阻称之为压摆率限制电阻。电阻数值应当选择让所有瞬态过程在预充电时钟周期(ϕ_1 或 ϕ_2)内完成。此数值可以通过下式来估算:

$$R_e \approx \frac{1}{10} \frac{1}{f_s C_{sh}} \tag{7-2}$$

式中: C_{sh}——保护电极电容值(不要与 C_{par} 弄混)。

例如,PRS16 配置(IMO=24 MHz)的最大峰值开关频率为 $f_s=12$ MHz,保护电极电容值为 20 pF,压摆率限制电阻数值可按 400 进行计算。

对于大水滴弥漫开来所形成的水膜,如图 7.16 下所示。由于有环行的参考感应块和保护电极共同起作用,所以它将不会引起误触发。

7.2.3 实施防水应用的参考设计

图 7.19 是一个使用参考感应块和保护电极的 PCB 板参考设计。它包括两个触摸感应按键,一个直线形的触摸滑条和一个由 8 个感应块组成的圆形滑条。可以看到,在所有这些感应块之间及外面的区域几乎都用保护电极填充,而一个开口的环形参考感应环将所有的感应块包围起来。在 CSD 用户模块的参数中针对所有的感应块可以选择使用保护电极。图 7.20 是不使用保护电极和使用保护电极时用手指触摸和水滴产生的原始计数值的变化曲线。从图 7.20 可以看到不使用保护电极时,由水滴产生的干扰信号很强,有可能超过手指的域值产生误触发。而使用保护电极时由水滴产生的干扰信号很小,不会产生误触发。

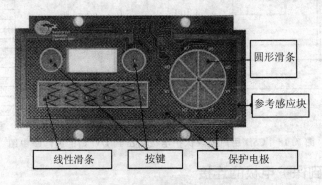

图 7.19 一个使用参考感应块和保护电极的参考设计

参考感应环和其他所有的感应块一样,在每一次扫描中都被检测一次。但在扫描参考感应环时必须禁止使用保护电极,这样可以获得一个没有保护电极补偿的信号。由于参考感应环总的面积比较大,所以当有比较大的水滴或水膜在它的上面时,它会比其他感应器产生更大的信号变化,因此,它可以很容易地判断有大水滴和水膜的存在,防止误触发。

通过软件的判断和处理还可以增加一层保护。对于最终确认一个在触摸按键或滑条上的

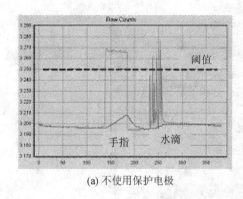 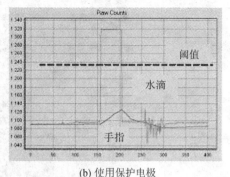

(a) 不使用保护电极　　　　　　　　(b) 使用保护电极

图 7.20　不用保护电极和使用保护电极时水滴产生的影响

手指触摸信号,除了要看参考电极,还可以设置一些其他的附加条件。比如,在一次扫描过程中发现当在一个线形的滑条上有超过 3 个感应块被同时触发或在圆形的滑条上有 4 个感应块被同时触发,便将这一次扫描得到的数据丢弃掉或忽略掉,以减少水或其他因素而产生的干扰。

图 7.21 是防水应用参考设计项目外形图。在这个参考设计中,使用暗红色的有机玻璃盒将整个板子包括供电的电池全部密封起来。暗红色的有机玻璃也作为感应按键和滑条上的覆盖物。在每一个按键和线形的滑条感应块开小孔并放 LED 灯,在圆形滑条的中间也放 LED 灯,以便指示触摸的状态。中间的 3 位 LED 数码管用于显示手指在圆形滑条上的位置。在这个设计中,有机玻璃盒里还包括另一块板子,它是一个无线的 USB I^2C 桥,用于将每一个感应块的一些重要测试参数(如原始计数值,基本线值)从 PSoC 芯片经 I^2C 通信由无线的 USB I^2C 桥送到 PC 端,再通过防水应用参考设计 PC 端 GUI 界面(见图 7.22)显示出来,便于分析。

图 7.23 是防水应用参考设计项目的系统框图。图 7.22 是防水应用参考设计 PC 端 GUI 界面图。这个 PC 端 GUI 界面不但可以显示触摸按键的状态和滑条的位置,而且可以显示某个或几个感应块的原始计数值,基本线值。

图 7.21　防水应用参考设计项目外形图

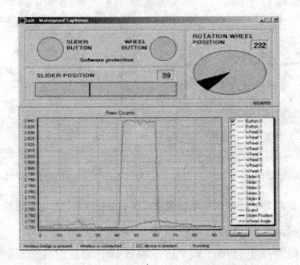

图 7.22 防水应用参考设计 PC 端 GUI 界面图

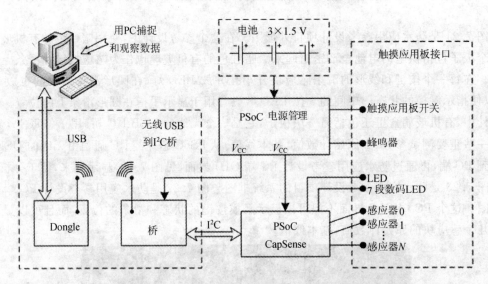

图 7.23 防水应用参考设计项目的系统框图

图 7.24 是使用一个喷水枪对这个参考设计的喷水测试和参考感应环与感应按键的响应曲线；图 7.25 是使用水冲击测试和参考感应环与感应按键的响应曲线；而图 7.26 是将整个参考设计盒浸入水中测试和这时的参考感应环与感应按键的响应曲线。从这些曲线中可以看到，使用参考感应块和保护电极对防止水的干扰而产生误触发具有很好的效果。

触摸感应的噪声缩减和抗干扰 7

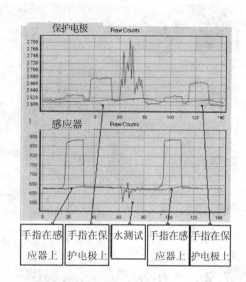

图 7.24　防水应用参考设计的喷水测试和参考感应环与感应按键的响应曲线

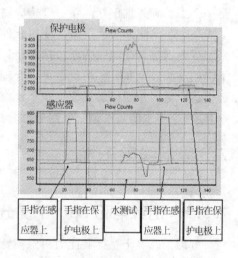

图 7.25　防水应用参考设计的水冲击测试和参考感应环与感应按键的响应曲线

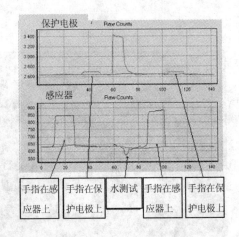

图 7.26　防水应用参考设计的浸水测试和参考感应环与感应按键的响应曲线对比

7.2.4　小水滴的防水策略

前面介绍的使用参考感应块和保护电极对于防止大水滴和水膜具有很好的效果,但如果是一个小水滴并且正好落在一个感应块上,那么怎样来防止小水滴导致的误触发呢?

一个小水滴的防水策略是使用软件分析小水滴的曲线特征和手指触摸的曲线特征的区别来加以甄别。这些曲线特征包括原始计数值的上升斜率、上升的幅度和持续的时间长短以及下降的时间等。在有些情况下可以合理地规范用户的触摸方式,如不要以非常缓慢的速度去触摸感应键等来使得触摸按键和小水滴之间有明显的特征区别。PSoC 芯片的用户可编写软件,使这个小水滴防水策略使用软件分析成为可能,有兴趣的读者不妨一试。

7.3　无线电干扰

7.3.1　无线电和 ESD 干扰分析

好的无线电干扰抑制能力对触摸感应系统非常重要。下面做一个无线电干扰的分析,将无线电干扰源的频率分为 3 个频段:

低频干扰源:10 Hz~100 kHz;

中频干扰源:0.1~50 MHz;

高频干扰源:500 MHz~5 GHz。

另一种干扰源是瞬时的高压脉冲干扰源,典型的例子是 ESD 脉冲。

CSD 模块的干扰抑制能力分析

从 CSD 模块的开关电容电路部分可以很容易地看到信号的变换通路是一个低阻的通路,如图 7.27 所示。在 Ph_1 阶段由一个低阻的电源向感应电容充电,在 Ph_2 阶段感应电容向大电容放电,由于这个原因,在将电容转换成调制器电流时,干扰信号被有效地抑制。下面将给出一个定量的分析。

(1) 低频段干扰

对于低频的干扰噪声,可以将图 7.27 简化成图 7.28,其中 R_c 为开关电容 C_x 的等效电阻,I_{mod} 为调制器电流,V_{AC} 为干扰信号。由开关电容的理论可以得到噪声电流 I_N 和调制器信号电流 I_s 分别为

$$I_N = V_{AC} f_{AC} C_x$$
$$I_s = (V_{dd} - V_{REF}) f_s C_x$$

电流信噪比为

$$K_a = \frac{I_s}{I_N} = \frac{(V_{dd} - V_{REF}) f_s C_x}{V_{AC} f_{AC} C_x}$$

如果 $V_{dd} = 5\ V, V_{REF} = 1.3\ V, f_s = 2\ MHz, V_{AC} = 314\ V, f_{AC} = 50\ Hz$,则有 $K_a \approx 50\ dB$。

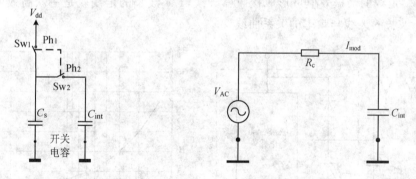

图 7.27　CSD 模块的开关电容电路　　图 7.28　有低频噪声干扰时的开关电容的等效电路

(2) 中频段干扰

对于中频的干扰噪声,由于开关电容的开关频率正好位于这个频段,所以当干扰信号的频率或者它的谐波接近或等于开关频率时,将导致调制器电流发生变化,引起原始计数值的波动和偏差。解决的方法是使用分散频谱的时钟源。在前面的 CSD 模块中所介绍的使用 PRS16 作为开关电容的时钟源,由于使用 16 位的伪随机信号发生器来产生开关电容时钟信号,开关电容时钟信号的频谱被分散开来,系统就大大降低对中频干扰信号的灵敏度。但 PRS16 输入源频率(6/12/24 MHz 取决于系统主时钟)是个例外,应特别注意。

(3) 高频段干扰

对于高频段的干扰噪声,如果干扰信号的幅度比较小(10~100 mV)它将不会对触摸感应

系统产生影响,因为低电平的 RF 信号看起来像是背景噪声,因而系统往往会忽略这种噪声。但如果存在比较强的 UHF 或 RF 干扰源,它有可能被感应器的布线耦合引起调制器输入电流的变化。尤其是当感应器的布线长度接近 UHF 或 RF 干扰信号的波长或 1/2、1/4 波长时。在电场强度足够高的地方,RF 可干扰任何电容感应系统的运行,包括 CapSense,RF 干扰会导致误判的按键触摸事件,或者妨碍了真正的按键触摸感应。手机就是很好的例子,可以将 RF 发送器和按键有意识地靠近。从发送器开始超过 1/6 波长距离的电场强度可通过公式(7-3)近似得出。

$$E = 6.85 \times \frac{\sqrt{10^{(P/10)}}}{D} \quad (7-3)$$

式中:E——电场强度,V/m;
P——供给天线的 RF 的功率,dBm;
D——天线至感应器的距离,in。

对于在 +28 dBm(0.6 W)功率下发射 800 MHz 信号的手机,距离天线 3 in 的电场可估算出大约为 60 V/m。图 7.29 显示了在 RF 干扰情况下的等效电路,例子中采用经过配置的 PSoC 来运行 CapSense 触摸感应模块,内部的二极管以保护 PSoC 以免受 ESD 事件影响,最高可达 2 kV。走线的谐振效应可形成接收器天线,1/4 波长的走线就是一款高效的天线。图 7.30 为 1/4 波长的天线与频率的关系曲线。

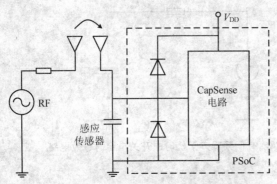

图 7.29 在 RF 干扰情况下的等效电路

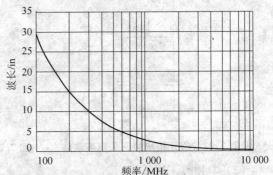

图 7.30 1/4 波长的天线与频率的关系曲线

当 RF 功率增加时,CapSense 计数会偏移恒定的数量,该数量可通过干扰的功率电平进行设定。RF 信号为交流信号,但是由于 CapSense 输入端上二极管的作用使得对 CapSense 计数的影响却是直流信号。计数中的正漂移可导致误判的按钮触摸事件,而负偏移则会妨碍感应到真正的按钮触摸。CapSense 用户模块的手指和噪声阈值允许在计数中存在小偏移,在此情况下仍可正常工作。对于高电平的 RF 干扰,就需要采用其他的办法实施抗干扰。以下是两种可用的解决方案:

① 调整 RF 发射与 CapSense 扫描的时间。如果干扰源和触摸感应系统在同一个大的系统中(如手机)，那么当 RF 进行发射时就可以禁用 CapSense 触摸感应功能，以免 CapSense 计数受到大功率 RF 的影响，而扫描计数仅在 RF 发射关闭的情形下才有效。

② 衰减共振。电阻与连接感应器的 CapSense 输入串联起来将会使每个走线的共振衰减。推荐添加到 CapSense 输入端的串联电阻为 560 Ω，它和 GPIO 口自有的对地电容($5\sim7$ pF)形成一个低通滤波器可以衰减这个高频的干扰信号。而通信线路 I^2C 和 SPI 宜采用 300 Ω 的串联电阻。

(4) ESD 脉冲干扰

对于 ESD 脉冲干扰，它将有可能导致 GPIO 口上的过压和欠压保护二极管导通。在非常短的时间间隔里二极管流过很大的峰值电流，这个电流将使感应电容和调制电容的电压发生变化，并引起原始计数值的采样值产生过冲或下冲。图 7.31 是用 SPICE 仿真 ESD 对 V_{mod} 的影响曲线。

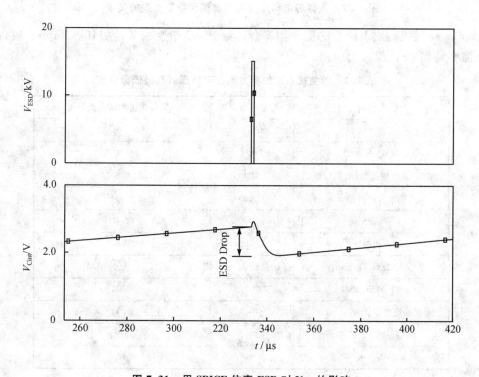

图 7.31 用 SPICE 仿真 ESD 对 V_{mod} 的影响

当湿度很低时，人体静电可达到 15 kV。具体电压因 CapSense 用户所穿衣服类型的不同而有所差异，如图 7.32 所示。

表 7.2 为普通覆盖物材料承受 12 kV 电压所需的最低厚度。如果遵循表中的厚度指南，

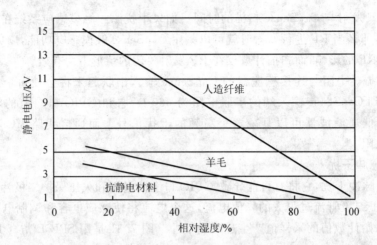

图 7.32 人体静电电压与有关湿度和物质类型的关系

那么 CapSense 触摸感应系统中的覆盖物将会避免 PSoC 遭受永久性损坏。Kapton 胶带非常适合于需要特别 ESD 保护的应用。

表 7.2 避免被击穿的覆盖物击穿电压以及最低厚度

材　料	击穿电压/V	在 12 kV 时覆盖物的最低厚度/mm
空　气	1 200～2 800	10
玻璃-普通型	7 900	1.5
玻璃-硼硅酸盐型(耐热玻璃)	13 000	0.9
福米卡塑料贴面	18 000	0.7
ABS	16 000	0.8
有机玻璃	13 000	0.9
太空玻璃(Lexan)	16 000	0.8
PET 薄膜(迈拉)	280 000	0.04
聚酰亚胺薄膜(Kapton)	290 000	0.04
FR4	28 000	0.4
干　木	3 900	3

从上面的介绍和分析可以知道,对抗 ESD 干扰最好的方法是使用某些耐高压的材料将触摸感应系统与外界隔离开来。如果受条件的限制,ESD 干扰还是串进去了,就需要通过软件来实施中值滤波进行解决。CapSense 模块在基本线更新的 API 函数中已经加入中值滤波可以滤除 ESD 干扰。

7.3.2 CSD 用户模块与 CSR 用户模块的抗干扰性能对比

在第 4 章已经提到 CSR 用户模块由于使用松弛振荡器电路,其输入部分为高阻输入,其抗干扰性能相对较差。相对 CSR 用户模块,CSD、CSA 具有更好的信噪比、更好的抗无线电干扰能力和更好的对电源变化温度变化的稳定性。下面通过几幅 CSD 和 CSR 的对比图说明在不同条件下 CSD 和 CSR 的抗干扰性能对比。

图 7.33 是使用 8.5 mm 厚的硅玻璃作为覆盖物时用手指触摸原始计数值的变化曲线,图(a)为 CSD 的变化曲线,图(b)为 CSR 的变化曲线,从这两个曲线可以看到,它们的信噪比有明显的区别。

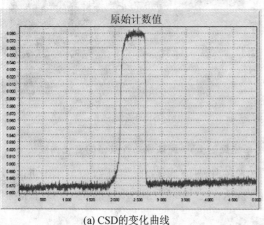

(a) CSD 的变化曲线   (b) CSR 的变化曲线

图 7.33 使用 8.5 mm 厚的硅玻璃作为覆盖物时用手指触摸原始计数值的变化曲线

图 7.34 是使用 1.5 mm 厚的塑料作为覆盖物时用手指触摸原始计数值的变化曲线,图(a)为

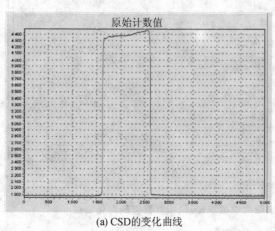 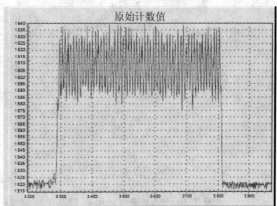

(a) CSD 的变化曲线   (b) CSR 的变化曲线

图 7.34 使用 1.5 mm 厚的塑料作为覆盖物时用手指触摸原始计数值的变化曲线

CSD 的变化曲线,图(b)为 CSR 的变化曲线,从图中可以看出 CSD 具有更好的信噪比。

图 7.35 是使用 10 Hz～20 MHz,6 Vpp,3 kV/m 的电场强度的 EMI 测试原始计数值的变化曲线,图(a)为 CSD 的变化曲线,图(b)为 CSR 的变化曲线,从图中可以看到 CSD 具有更好的抗无线电干扰的能力。

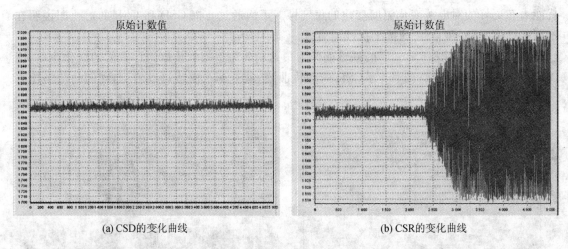

(a) CSD 的变化曲线　　　　　　　　　　(b) CSR 的变化曲线

图 7.35　使用 10 Hz～20 MHz,6 Vpp,3 kV/m 的电场强度的 EMI 测试原始计数值的变化曲线

图 7.36 是用 5 kV 空气放电的 ESD 干扰测试(未使用中值滤波)原始计数值的变化曲线,图(a)为 CSD 的变化曲线,图(b)为 CSR 的变化曲线,从图中可以看到 CSD 的抗 ESD 干扰能力较 CSR 要更强。

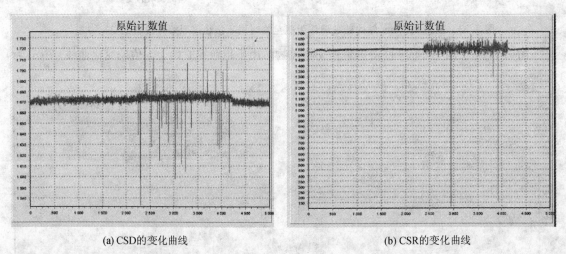

(a) CSD 的变化曲线　　　　　　　　　　(b) CSR 的变化曲线

图 7.36　5 kV 空气放电的 ESD 干扰测试(未使用中值滤波)原始计数值的变化曲线

7.3.3 无线电干扰的软件滤波

无线电干扰通过两种方式将噪声引入到 CapSense 触摸感应系统中,它们是传导和辐射。传导性干扰噪声可通过电源和信号线路进入系统。手机或荧光灯镇流器之类的辐射源可通过空气引入噪声,前者通过适当的 PCB 布板可以获得一定程度的改善。但当这两种类型的噪声都存在时,就需要通过软件中的过滤技术来增大 CapSense 系统的信噪比(SNR)。由于 PSoC 具有可编程性能,它仅需几行代码就能够实施 FIR 和 IIR 数字滤波器。

1. FIR 滤波器

与电源线路噪声的频率相比,手指触按事件的频率会更低。在此情况下,低通滤波器(LPF)就成为一种非常高效的噪声过滤解决方案。FIR LPF 可定义如下:

$$y = (x_1 + x_2 + \cdots + x_N)/N \tag{7-4}$$

每个噪声周期会对原始计数采样 N 次,N 个采样可根据公式(7-4)结合到一起。在 50 Hz 的噪声环境下,采样周期必须为 $18\ \text{ms}/N$。FIR 滤波器的性能会随着 N 的次数增加而提高,因此只要系统允许就应使 N 值尽可能大,但 N 太大将影响触摸的响应时间。

2. IIR 滤波器

FIR 滤波器在这方面的不足之处是,它需要采用比 IIR 更高阶的滤波器才能获得相同的结果。这会难以调节采样速率以使其与噪声周期相吻合。因此在某些时候,对 LPF 来说,IIR 滤波器是更为合适的选择。表 7.3 对 FIR 滤波器和 IIR 滤波器进行了具体比较。

表 7.3 低通滤波器 FIR 与 IIR 的比较

滤波器类型(阶=N)	RAM	响应时间	是否总是保持稳定
FIR LPF	1	$N \times T$	是
IIR LPF	$N \times 2$	T	否

7.4 CapSense 触摸感应技术在手机中的应用

CapSense 触摸感应技术适合在手机中应用,包括手机的触摸按键和触摸屏。

手机的按键通常比较小,所以有一些用于感应手指的铜箔面积会很小,这将影响手指感应的灵敏度。所以,感应面上的覆盖层应尽量薄,覆盖层的厚度一般控制在 0.2~1.5 mm 以内。

而覆盖层的材料应尽量选择介电常数比较高的塑料、聚酯或有机玻璃等,在覆盖层上不要使用带金属材料或金属颗粒的图案和色彩的印刷。在印制板上,感应手指的铜箔面积应尽量做大。印制板上的铺地应放在底层并用30%~60%网格作为铺地,以确保每一个感应块有合适的C_P和足够的灵敏度。

按键中间开孔的方式常被用于背光的设计中,以方便用户对不同触摸按键的识别和作为触摸按键被激活的状态指示。图4.7是一种手机触摸按键感应块的设计。由于手机的键盘区域比较小,按键感应块相对手指会比较小,如果用于背光的孔再开得比较大的话,对应手指触摸的C_F会减少,对灵敏度会有一定的影响,需要更高的灵敏度参数来保证它的灵敏度。

因为手机的按键比较小,手指在触摸某一个按键时,附近的按键也会部分甚至大部分地被触摸到。如图7.37所示,这时会有两个或多个按键同时被触发,这将不符合设计的预期,此时可以通过软件处理来解决这个问题。通过软件比较所有同时被触发的按键的差值信号,其差值信号最大的被判定有效,其他则被判定无效。

还有一种情况就是手指从一个按键移动到另一个按键,这时在移动的过程中可能出现两个被同时触发的按键有相同的差值信号,这时可以通过使用迟滞阈值的方法来避免在两个相同的差值信号的临界点出现两个按键被频繁交替触发的现象。如图7.38所示,设置按键的释放阈值低于手指的触发阈值的某个值。当被触发的按键还没有被释放掉,即使有其他按键被触发也不认为有效,仅当前面被触发的按键被释放掉以后,当前被触发的按键才会被判定有效。另外考虑到人们的操作习惯和按键布局或排版的特殊性,在软件中可以考虑给予某些按键具有更高或更低的优先级。比如,左边和上边的按键可以有更高的优先级。

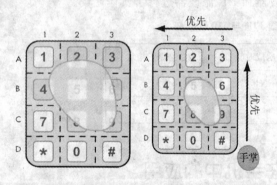

图7.37 手指在触摸一个按键时,附近的按键也会被触摸到

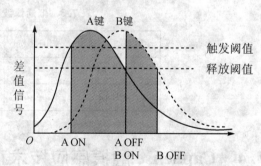

图7.38 使用迟滞阈值来避免两个按键被频繁交替触发

手机在拨打电话时会产生很强的射频信号。这种射频信号对 CapSense 会产生严重的干扰和影响,尤其是对使用松弛振荡器的 CSR 触摸感应模块,它必须通过硬件和软件两方面采取措施加以解决。硬件采取的措施包括芯片和地线合理的布局,芯片上未使用的引脚必须接地,在感应 PCB 的背面使用屏蔽罩或锡箔加以屏蔽,必要的时候可以在靠近 PSoC 芯片的一些输入引脚上和 I^2C 输入端串接 300~500 Ω 的电阻。软件上采取的措施主要是对明显异常的数据进行判断并加以筛选和滤波。

图 7.39 是在手机中使用 CSR 触摸感应模块所捕捉到的通话时射频信号对原始计数值的干扰曲线。从图中可以看到它导致原始计数值向下跳动,事实上这种干扰有向下的也有向上的跳动。从该曲线中可以看到干扰是非常厉害的,干扰的幅度是手指信号的数十倍。如果从硬件上不能完全克服,就必须通过软件的滤波来解决。通过仔细观察和分析干扰信号,可以知道它有比正常的手指信号大得多的幅度和不连续的明显特征,因此可以通过判断信号的变化幅度大小来丢弃受到干扰的信号采样。对于合适范围里的差值信号必须连续数次采样,不出现异常才认为是手指信号。通过这样的方法可以在干扰信号中甄别出手指的信号,再配合其他的滤波措施,这样就可以在打电话时正确无误地操作触摸按键。

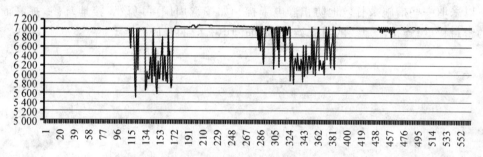

图 7.39 射频信号对原始计数值的干扰

在手机中使用触摸按键必须考虑温度变化带来的影响,否则将难以通过手机的高低温测试。图 7.40 是温度升高变化对原始计数值的影响变化曲线。其中曲线系列 1 是原始计数值的变化曲线,而系列 2 是基本线的变化曲线。这时基本线对原始计数值的及时跟踪性能就变得非常重要。如果基本线的算法或参数设置使得基本线对原始计数值不能实施及时地跟踪,将导致按键的误触发,接着便是该按键的长时间失效。因此,所使用的基本线算法和参数设置必须保证基本线不但要有好的及时跟踪性,而且在有手指触摸时又要使基本线必须保持不变,以便随时可以获得正确的手指差值信号。

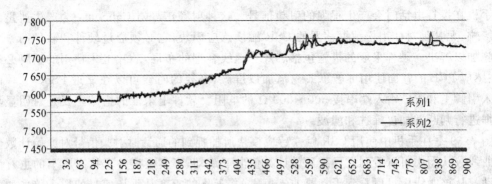

图 7.40 温度升高变化对原始计数值的影响变化曲线

ESD 测试是手机必须测试的项目,通常在手机上它要求能承受 10 kV 以上的静电冲击。CapSense 技术采用电容感应原理,但还是有可能受到静电的干扰。静电对 CapSense 的干扰通常有其明显的特征,在 CapSense 的 3 个模块中,函数 CSD(CSA,CSR)_bUpdateBaseline()包含了对典型的静电干扰数据实施过滤和处理的程序,并有过滤的参数可供用户选择。硬件上也可以采取一些措施来有效地防止静电干扰。如按键周围可以设置接地环路,提高面板和外壳的密封程度;连接器地线的可靠连接,保证静电有效的释放路径。

第 8 章
电容感应触摸屏和多触点检测技术

iPhone 极具创意的界面设计和多触点技术的应用,使电容式触摸屏技术将成为今后几年消费类电子技术中的一大亮点,尤其是在手机、MP3、MP4 播放器和汽车 GPS 等应用领域。带触摸屏的手持式电子设备大多使用传统的电阻式触摸屏技术,虽然电阻式触摸屏技术具有低成本、线性好和可实施笔操作等优点,但它不能实现多触点操作。最近几年,电容式触摸屏技术的发展不仅使多触点操作成为可能,而且这种技术的成本也已经大幅下降,它具有比电阻式触摸屏更好的透明度和更长的寿命。电容式触摸屏多触点技术还为手持式电子设备提供了更加丰富的人机界面方式和更多更新的个人操作体验。

本章将主要介绍基于 CapSense 的电容式触摸屏技术和它的 True Touch 多触点技术的实现。现在,先来了解一些有关单触点和多触点的概念。

8.1 单触点和多触点的概念

单触点就是在某一时刻只能检测到触摸屏上的一个手指或笔的触按,即使同时有多个手指触摸,它最多也只能检测到一个手指的触摸。当有多个手指触摸时,它可能会出现一个错误信号或者被认为是一个误操作。多触点就是在某一时刻能够同时检测到触摸屏上多于一个手指的触摸。在多触点中又分为两点触摸(双触点 gesture)和全触点(all point)触摸。两点触摸可以同时检测到触摸屏上两个手指的触摸,全触点触摸是指如果整个触摸屏是由 X 排乘以 Y 列个感应块所组成,则它能够同时检测触摸屏上所有 $X \times Y$ 个感应块的触摸。Cypress 的电容式触摸屏技术支持多触点中的两点触摸和全触点触摸。

单触点实现类似鼠标的大多数功能,也是最常用的功能,如选择指定区域或块、单击、双击、单击加拖动、上下左右的滑动或滚动。区别于鼠标的用法是,捕捉单手指在触摸屏上的移动轨迹可以实现文字和字符的输入,如图 8.1 所示。比较新的单触点功能是闪屏功能,即通过捕捉单手指在屏幕上的快速移动,来实施屏幕的快速切换,切换的方向和手指在屏幕上的移动方向具有一致性。这个功能电阻屏是难以实现的,因为电阻屏需要有一定的压力,难以实现快速的移动。

在便携式设备上使用双触点可以通过检测两个手指的相对位置变化(手势变化)来实现图

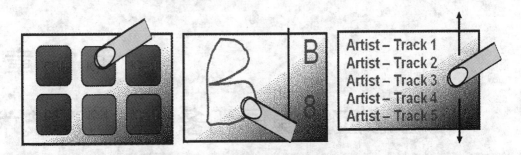

图 8.1 单触点除了实现类似鼠标的大多数功能还可以实现文字和字符的输入

像的缩放和旋转等功能,也可以通过两个手指的上下左右的平行移动来实现图像的选定和它的上下左右的平移(见图 8.2)。这对于 3G 的手机和需要对图像做一些操作处理的的便携式设备是非常有用的。因为便携式设备的屏幕相对比较小,为了既能看清图像的全貌,又能看到图像的细节,用户希望提供一种简单而又有效的操作方法在二者之间进行转换。多点的触摸可以实现多个手指的触摸,如 4 个手指同时触摸,以便同时控制多个操纵对象,或者左右手的同时触摸,如图 8.3 所示。左右手的同时触摸可以实现触摸屏上动态多功能键的操作。这对带游戏功能的便携式设备将是有用的操作。

图 8.2 两个手指的手势变化来实现图像的缩放、旋转和平移等功能

图 8.3 多点的触摸可以同时控制和操纵多个对象

虽然，目前多于两个触点的多触点应用还很少，但全触点触摸屏的实际意义在于它为带触摸屏的便携式设备的设计师们提供了一个发挥创意和想象的空间，说不定明天就会有一款使用全触点触摸屏技术的，带有新功能的便携式设备出现在人们的面前。

8.2 电容感应触摸屏的结构和原理

8.2.1 投影电容触摸屏的基本概念

在 4.3 节提到二维的滑条就构成了触摸面板。它是将水平滑条的每一个感应块在垂直方向上拉伸，而将垂直滑条的每一个感应块在水平方向上拉伸，为了使水平和垂直的滑条在一个平面上均匀分布，将水平的滑条做成多个菱形块在垂直方向相连，而将垂直的滑条做成多个菱形块在水平方向相连，然后将它们相互嵌在一起，就变成了触摸板。

投影电容触摸屏(projected capacitive touchscreen)的基本原理类似于触摸板。其感应块的图形设计仍然是将由多个菱形块组成的 X 轴的滑条与由多个菱形块组成的 Y 轴的滑条相互嵌在一起(见图 8.4)，触摸屏必须是透明的，所以它的感应块必须使用透明而又导电的 ITO，而衬底则使用透明而又绝缘的玻璃或薄膜。为了使 X 轴的滑条与 Y 轴的滑条在交叉点不会短路，触摸屏生产厂家使用两种生产工艺结构，一种是双层的 ITO 结构，即 X 轴的滑条与 Y 轴的滑条分别位于两个 ITO 层，中间夹有透明而又绝缘的玻璃或薄膜。显然，这种结构要求中间的夹层尽可能的薄，以保证 X 轴的滑条与 Y 轴的滑条手指感应灵敏度不能相差太大；另一种是单层的 ITO 结构，它在 X 或 Y 中的一个方向的交叉点处使用金属的跳线将这一排(或列)的所有菱形块连结起来(见图 8.5 和图 8.6)。这种结构工艺相对复杂，要求金属跳线非常细，以至于它几乎不能被人的眼睛所看到。单层 ITO 结构的优点是显而易见的，它不仅比双层的 ITO 结构有更好的透光性，而且 X 轴的滑条与 Y 轴的滑条有相同的手指感应灵敏度。

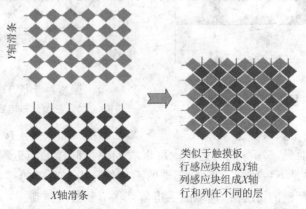

图 8.4 X 轴的滑条与 Y 轴的滑条相互嵌在一起形成触摸屏感应面

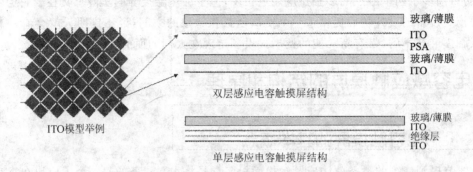

图 8.5 双层与单层的电容触摸屏结构

类似于触摸板的工作方式,使用 CSD 或 CSA 对 X 轴的滑条和 Y 轴的滑条进行扫描,并使用重心算法,分别对 X 轴滑条和 Y 轴滑条上所感应并检测到的信号进行定位,就可以得到手指在触摸屏上的位置。这就是投影式触摸屏的基本概念。

然而,ITO 材料虽然导电,但它不像铜等金属材料电阻率非常小,相对铜而言它有很高的电阻率。通常一个 ITO 方块(无论大小)两端的电阻大约为 300～500 Ω。这样一个滑条(X 轴或 Y 轴)上的一个长条形感应块在电器上就不能再简单地等效成一个电容 C_p,它必须被等效成为一个包含分布电容和电阻的长导线(见图 8.7)。正因为 ITO 电阻的存在,使投影式触摸屏在技术上面临重大的挑战,尤其是大尺寸的触摸屏。

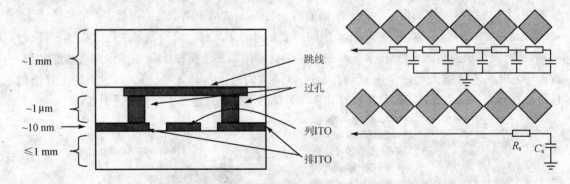

图 8.6 单层的 ITO 在交叉点处使用金属跳线

图 8.7 一个 ITO 滑条等效成为一个包含分布电容和电阻的长导线

在图 8.4 中的一个长条形感应块(X 轴滑条,Y 轴滑条),如果把连接到 PSoC 芯片 I/O 口的一端称之为近端,而另一端称之为远端。可以看到手指同样触摸近端和触摸远端,在 I/O 口上产生的信号大小是不一样的。显然,远端的手指信号由于电阻的存在会有比近端的手指信号有更多的衰减,严重的情况下,远端的手指信号将不能被检测到。

另一方面，即使远端的手指信号可以被检测到，并满足一定的信噪比要求，但同样的触摸它肯定要小于近端的信号，并在近端到远端之间产生一个信号大小变化的梯度。因为，手指在滑条上的定位是由重心算法决定的，而重心算法是基于所有的感应块有相同的手指触摸灵敏度，这个梯度的存在有可能导致定位的偏差。

8.2.2　用 CapSense CSD 实现电容触摸屏的双触点手势应用

如何有效地检测 ITO 长条形感应块远端的手指信号，并有足够的灵敏度，是投影电容触摸屏能否实施的一个关键。仔细分析图 8.7 可以发现，对于远端它类似一个多级的 RC 滤波网络，但 C 是非常地小，对高频信号有很大的衰减，如果使用相对较低的时钟频率对其进行操作，使整个分布电容在每一个时钟周期内能够完全地充电和放电，那么远端由于手指触摸而产生的电容变化就仍然能够被检测到。

究竟多大的频率能使整个分布电容在每一个时钟周期内能够完全地充电和放电呢？如果整个 ITO 长条形感应块对地的电容是 C_s，而整个 ITO 长条形感应块累计的电阻是 R_s（见图 8.7），那么当时钟频率 f_s 满足下面的条件时

$$f_s \leqslant \frac{1}{5} \times \frac{1}{R_s C_s}$$

整个分布电容在每一个时钟周期内就能够保证完全地被充电和放电。

在第 3 章介绍 CapSense CSD 用户模块时曾经提到，CSD 可以选择一个带预分频器的 8 位伪随机序列发生器作为开关电容的时钟。正是这个分频器让用户能够很容易地通过改变预分频器的计数器周期来改变开关时钟的频率。一个 8 位的预分频器，最大的分频系数是 255。在计算开关频率时，一般可以允许 3 倍的 $R_s C_s$ 上升时间，一个周期就是 6 $R_s C_s$（上升和下降）。例如，$R_s C_s = 150$ ns，那么最大的开关频率就是 $1/(3 \times R_s C_s + 3 \times R_s C_s) = 1.67$ MHz。输入时钟是 24 MHz 的主系统时钟 IMO，那么可以简单地设置预分频器值为 24 MHz/1.67 MHz≈14。在调试时这个值可以适当地调整，减少这个值可以增加开关频率，提高灵敏度和降低噪声，但在屏的近端到远端会出现一个信号强度逐渐变小的梯度。为了避免这个梯度过大，就要减小开关频率，由第 3 章的公式(3-4)可以知道，降低开关频率 f_s 意味着将减少检测电容的分辨率或降低灵敏度，但同样从这个公式中可以看到，它可以通过增大 R_b 来补偿（R_b 的作用又一次被体现）。由此可以看到，CSD 适合投影电容触摸屏的应用。

为了确定开关频率，需要知道 $R_s C_s$ 的乘积。一个获得 $R_s C_s$ 乘积的方法是：在 ITO 排的一端施加一定频率的方波信号，用示波器观察在 ITO 排的另一端的波形（见图 8.8），可以看到由于 RC 网络的存在，在接收端的上升沿波形已不再陡峭，而是一个 RC 的充电波形，当这个充电电压达到完全充电 63% 时，所经过的时间就是 $R_s C_s$ 的乘积。当然在计算 C_s 时必须考虑去除示波器探头的输入电容。

一个用于双触点电容触摸屏的改进型的 CapSense CSD 电路，如图 8.9 所示。与前面介绍的 CSD 电路稍有不同的地方是在 C_{mod} 旁边并联了一个 R_o，在感应器的电流上增加了一个附加电流 I_{DAC}。

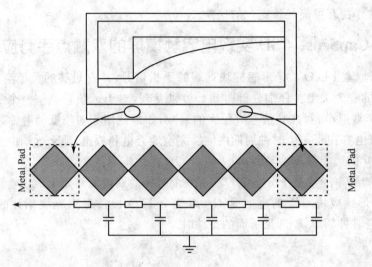

图 8.8　用示波器检测 R_sC_s 的乘积

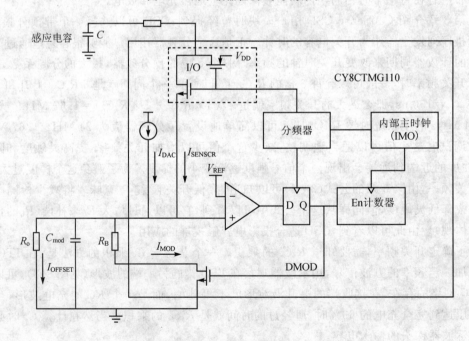

图 8.9　双触点电容触摸屏的改进型的 CapSense CSD 电路

R_0 所产生的偏流对信号的幅度虽然会有一定的影响,但它可以改善信噪比。而 I_{DAC} 是 PSoC 芯片内一个可设定的恒流源,它可以用于补偿 R_0 的偏流损失,并调整每一排和列的信号幅度,使它们在整体上有更好的一致性。

图 8.10 是使用包含 CSD 用户模块的 PSoC 芯片 CY8CTMG110 所构成的触摸屏控制器的电原理图。它外围元件少,简洁明了,与主控端使用 I^2C 通信,也可以使用 UART 和 SPI 通信。

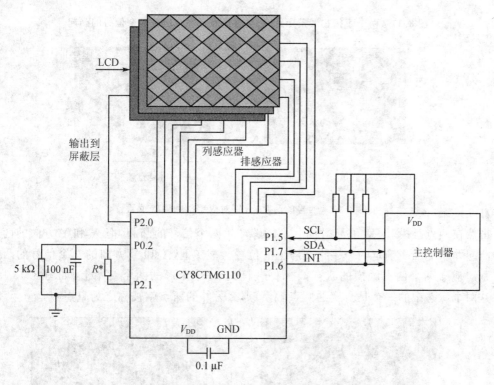

图 8.10 CY8CTMG110 触摸屏控制器的电原理图

从第 4 章对滑条的介绍可以知道,滑条可以利用手指在多于一个感应块上的感应信号,并使用重心算法来给手指在滑条上精确定位。如果有两个手指在滑条上触摸,在一组感应块组成的线性滑条上将会出现两个信号的凸起,分别对应手指触摸的位置,如图 8.11 所示。使用软件扫描这一组感应块,并对两个凸起的信号分别使用重心算法,就可以获得手指在滑条上位置。

电容触摸屏是由 X 和 Y 方向的二维滑条组成,当在屏上有单点触摸时,在 X 和 Y 方向分别有一个信号的凸起,凸起点 X 和 Y 的交叉点就是手指在屏上的位置。当在屏上有两点触摸时,在 X 和 Y 方向分别有两个信号的凸起,凸起的两个 X 和 Y 的交叉点分别对应两个手指在屏上的位置,如图 8.12 所示。

图 8.11　两个手指在滑条上触摸，线性滑条上将会出现两个信号的凸起

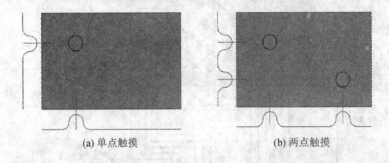

(a) 单点触摸　　　　　　　　　　(b) 两点触摸

图 8.12　信号的凸起，分别对应手指触摸的位置

　　虽然在两点触摸时，X 和 Y 方向分别能够产生两个信号的凸起，但 X 和 Y 方向的两个信号的凸起并不能唯一确定两个手指在屏上的位置。事实上，X 和 Y 方向的两个信号的凸起可以分别对应于两个两点触摸的状态，它们分别位于一个矩形的两个对角上，如图 8.13 所示。如果这两个状态中的一个是真实的两点触摸，那么另外的两点就被称之为鬼点。

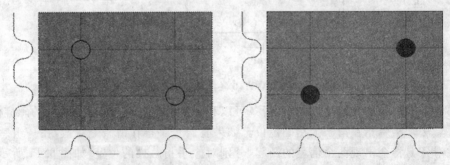

图 8.13　X 和 Y 方向的两个信号的凸起并不能唯一确定两个手指在屏上的位置

　　因此，使用二维滑条实施的电容触摸屏可以很容易地实现单点触摸，也可以实现双点触摸，但由于鬼点的存在，它不能实现真正意义上的双点触摸。

　　虽然，双轴滑条实施的电容触摸屏不能实现真正意义上的双点触摸，但鬼点并不影响对在触摸屏上两点触摸和移动所产生的手势变化的检测。

图 8.14 说明,两个手指同在一条 Y 线上上下平移或同在一条 X 线上左右平移的手势操作将不会产生歧义,因为在这种情况下没有鬼点。

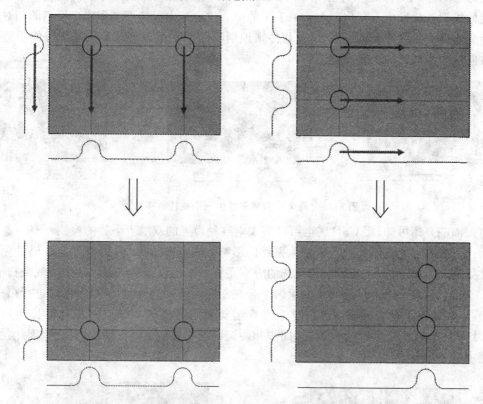

图 8.14　两个手指同在一条 Y 线上上下平移或同在一条 X 线上左右平移

图 8.15 说明,通过检测两个手指在屏上的相对移动手势来实现屏幕或图片的缩放,虽然有鬼点存在,但无论是两个真实的点还是两个鬼点,它们之间的直线距离变化都是一致的。因而鬼点对相对移动的手势操作不会产生影响。

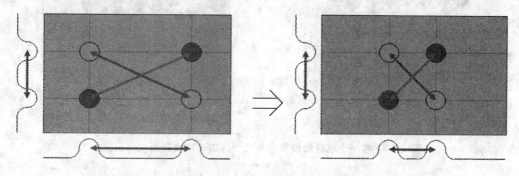

图 8.15　两个手指在屏上的相对移动手势可以实现屏幕或图片的缩放

图 8.16 用于产生一个旋转的手势,在产生旋转手势时,有一个手指的中心位置是基本保持不变的,而另一个手指在屏幕上滑一个弧线,两个手指的相对距离基本没有变化。对角两点所决定的矩形形状发生了变化。由一个手指的中心位置基本保持不变和两个手指的相对距离基本不变这两个主要特征,就可以通过软件来识别哪两个点是鬼点以及获得旋转的手势。旋转的方向由矩形形状的变化决定。

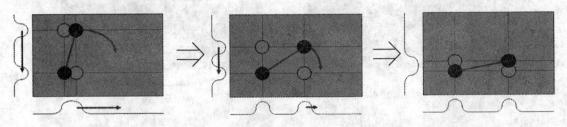

图 8.16 两个手指用于产生一个旋转的手势

由上面的介绍可知,用 CSD 完全可以实现电容触摸屏的双触点手势的检测。有一些手势需要通过一些软件的判断和处理来消除鬼点的影响。在有些方案中,用户可能希望避免过多的软件处理,不希望鬼点出现。一种可选的方案是将一个电容触摸屏分为几个区域来扫描,如图 8.17 所示,它将一个屏一分为二变成两个合在一起的屏,并分别对两个半个屏进行扫描,这时,出现鬼点的概率就大大减少。但这个方案需要使用更多的 I/O 口并具有更长的扫描周期,在软件上要考虑两个半个屏的扫描同步和协调以及中间区域定位偏差的调整,因此在实际的应用中并不多见。

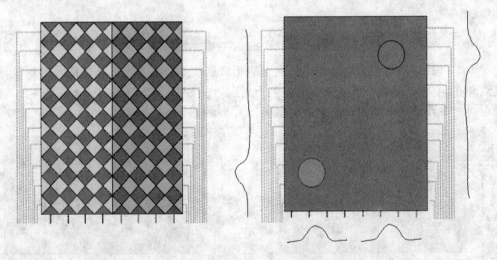

图 8.17 将一个电容触摸屏分为几个区域来扫描避免鬼点出现

8.3 触摸屏的所有触点检测技术

由前面的介绍可以知道,使用轴向 X、Y 双滑条的方式对触摸屏进行扫描最多只能同时检测两个点的触摸。要同时检测触摸屏上所有的点(all point),就必须使用交叉点的扫描方式即对每一个列 X 和每一个排 Y 的交叉点进行扫描,才能够同时检测触摸屏上所有的点。在介绍全触点的检测技术之前需要了解自电容和互电容的概念。

8.3.1 自电容和互电容

电容触摸屏的 ITO 图样是由多排菱形串和多列菱形串相互嵌入排列而成。图 8.18 是一个局部的 ITO 图样,有一个排和三个列。如果把每一个排或每一个列的 ITO 菱形串对地的电容称之为自电容 C_s,那么则把某一排和某一列相交的 ITO 菱形串之间形成的电容称之为互电容 C_m(见图 8.19)。这个电容虽然非常的小(0.1~3 pF),但却是实实在在地存在。由图 8.18 可以看到,每一个排与每一个列的 ITO 菱形串有 4 条边相邻和一个交叉区域。互电容的大小与菱形块的边长成正比,与 4 条边的间隙宽度成反比,与交叉区域的面积成正比,与交叉区域两者的距离(或绝缘层的厚度)成反比。

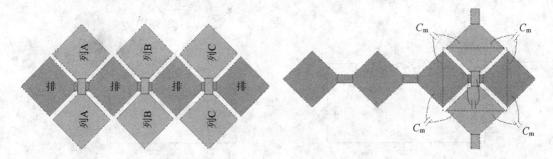

图 8.18 一个局部的 ITO 图样　　图 8.19 相交的 ITO 菱形串之间形成互电容 C_m

互电容和自电容有什么区别呢? 结合图 8.20 可以说明这个问题。自电容是感应块相对地之间的电容。这个地在这里是指电路的地,虽然这个地离感应块可能很近,也可能比较远,但它总是存在的。当在感应块上施加一个激励信号时,由于自电容的存在,将在感应块和地之间产生一个随激励信号变化的电场。而互电容是一个感应块与另一个感应块之间的电容,在一个感应块上施加一个激励信号时,由于互电容的存在,在另一个感应块上可以感应并接收到这个激励信号,接收到的信号的大小与相移与激励信号的频率和互电容的大小有关。

手指触摸感应块对自电容和互电容各有什么影响呢? 事实上,这里的自电容 C_s 与前面第 3 章介绍的感应块寄生电容 C_P 是相同的,由前面的介绍可以知道,当手指触摸感应块时相当于附加了一个手指电容 C_F。所以当手指触摸感应块时,自电容将增加。对于互电容当手指靠

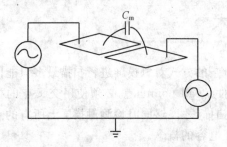
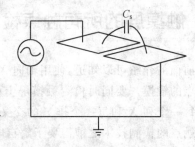

图 8.20　互电容和自电容的区别

近或触摸触摸屏时,由于手指相当于一个导体,所以原来从发射感应块到接收感应块的电场或电力线中的部分转移到了手指上,这两个感应块之间的场强的减弱或电力线的减少相当于互电容的减少。因此,手指触摸感应块对自电容和互电容有截然不同的影响,自电容增加而互电容减少,如图 8.21 所示。

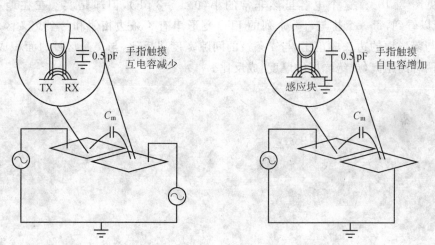

图 8.21　手指触摸感应块对自电容和互电容有不同的影响

为了实施交叉点扫描,有必要了解感应块(条)在交叉点的电路模型。每一个交叉点方块排和列本身都有自电容,排和列之间有互电容,排感应块和列感应块还都具有块电阻。如果把一个单位方块排和列的自电容分别表示为 C_r 和 C_c,排和列之间有互电容表示为 C_{rc},排和列感应块的电阻分别表示为 R_r 和 R_c,则单位方块的电路模型可由图 8.22 表示。

如果在某一排上施加一个激励信号,并在某一列上接收这个信号,这时排和列在这个交叉点的互电容仍然是 C_{rc},排和列的自电容将不再是 C_r 和 C_c,而是整个排或列的等效自电容 C_{sr} 和 C_{sc}。排和列的电阻也将不再是 $R_r/2$ 和 $R_c/2$,而是从排的发射端点到排与列的交叉点的排电阻 R_{sr} 和从列的接收端点到排与列的交叉点的列电阻 R_{sc}。显然,当一个电容触摸屏确定以

电容感应触摸屏和多触点检测技术 8

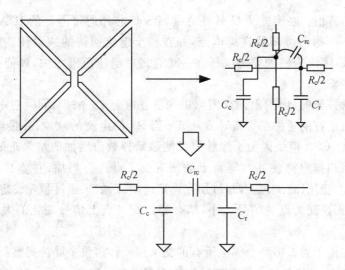

图 8.22 单位方块的电路模型

后,无论对屏上的哪一个交叉点,它的互电容和自电容都是基本不变的,但它的排电阻和列电阻将随着这个交叉点在屏上的位置变化而变化。离发射端点和接收端点越近的交叉点,排电阻或列电阻将越小,反之越大。排或列的电阻越大意味着它对信号的衰减也越大。

8.3.2 用交叉点扫描技术实施电容触摸屏

实施全触点电容触摸屏使用交叉点扫描技术,交叉点扫描的原理框图如图 8.23 所示。由 PSoC 芯片驱动,并产生一个高频的方波激励信号发送到屏上的第 X 排,由于互电容 C_m 的存在,在屏的第 Y 列可以接收到一个与发送信号频率相同的信号,同时从 Tx 到 Rx 会有一个交流的电流。电流的大小与互电容 C_m 直接相关,C_m 越大,电流也越大,反之电流就越小。这个交流的电流经过一个类似的整流电路整流并滤波变成一个直流电流,这个直流电流经过一个电流/电压转换器变成直流的电压。直流电压经 A/D 转换就将与 C_m 大小直接相关的模拟信

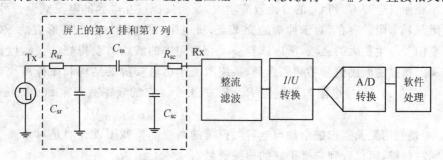

图 8.23 交叉点扫描原理框图

号转换成了数字信号值。在实施 I/U 转换之前，PSoC 芯片通过内部的 IDAC 恒流源向这个直流电流提供了一个附加可调的直流电流，并在整个电流回路的末段使用了一个参考电压 V_{REF}，其主要作用是调整 I/U 的输出电压在一个合理的电压范围之内，以便更多地提高 A/D 转换器的有效分辨率。

当手指触摸触摸屏时，由前面的介绍可以知道互电容 C_m 减少，同时自电容 C_{sr}、C_{sc} 增加，互电容的减少和自电容的增加都直接导致从 Tx 到 Rx 的电流的减少，并最终使 A/D 转换的值减小。它和 CSD、CSA 模块因为手指触摸而使原始计数值增加的结果正好相反。PSoC 芯片软件控制交叉点扫描电路使其对屏幕上的所有交叉点进行扫描，并监视每一个交叉点的 A/D 转换值，看它的变化（减少）是否超过预先设定的阈值，如果超过预先设定的阈值则认为是有手指触摸，并根据该交叉点的信号大小，结合邻近交叉点上信号变化的大小来给手指精确定位。

全触点触摸屏由于要扫描整个屏上所有的交叉点，所以，整个屏被完整扫描一次所实施的交叉点扫描次数要比 CSD 双触点屏的扫描次数要多得多。比如，对于一个 10 排乘以 10 列的触摸屏，使用 CSD 扫描 X 轴滑条和 Y 轴滑条共需要 $10+10=20$ 次的 CSD 扫描。但使用交叉点扫描实施所有交叉点的扫描，共需要 $10\times10=100$ 次的交叉点扫描。扫描次数的增加可能导致一次完整扫描整个屏的周期被延长，进而影响对手指触摸的响应时间。交叉点扫描使用 A/D 转换器作为与互电容相关的模拟量到数字量的转换，缩短了扫描时间，使一次交叉点扫描的时间小于 50 μs，对于一个 10×10 的屏，一次完整的扫描整个屏的周期只有 5 ms，因而不会影响对手指触摸的响应时间。

交叉点扫描使用互电容检测方法来实施对手指触摸的探测，它需要使用一定频率的激励信号，究竟使用多大的频率信号来激励比较合适呢？从交叉点扫描的电路模型中可以看到，它不仅有互电容 C_m，它还有自电容 C_{sr}、C_{sc} 和排电阻与列电阻 R_{sr} 和 R_{sc}，它们都会对激励信号产生影响。从定性的分析可以看到，使用更高的频率可以使流过互电容 C_m 的电流更大，由于手指触摸而导致这个电流的变化也会更大，因而会有更高的灵敏度。然而，频率并非越高越好，过高的频率将使自电容 C_{sr} 和 C_{sc} 的分流效应增大，反而使流过互电容的电流减少。另一方面，由于排电阻与列电阻的存在，对于远端的交叉点，排电阻、列电阻与自电容形成的 RC 网络对过高的频率信号产生很大的衰减，所以选择一个合适频率的激励对获得好的灵敏度是非常重要的。交叉点扫描的激励信号的频率选择，最终取决于由触摸屏的结构和图样所决定的互电容 C_m、自电容 C_{sr}、C_{sc} 和排电阻与列电阻 R_{sr}、R_{sc} 的大小。它的频率通常在 200 kHz～2 MHz 的范围内。

图 8.24 是使用交叉点扫描全触点电容触摸屏的两张屏幕截图，图(a)是对角画线，图(b)是 5 个点同时触摸，可以看到它有很好的检测效果。

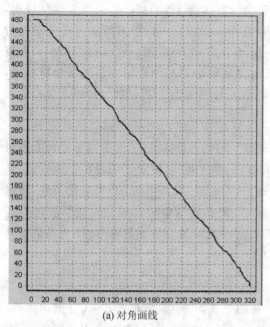 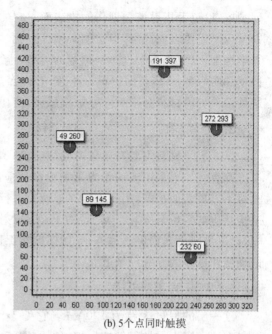

(a) 对角画线　　　　　　　　　　　　　(b) 5个点同时触摸

图 8.24　使用交叉点扫描全触点电容式触摸屏的屏幕图

8.3.3　使用全触点检测的电容触摸屏的构造

一个好的触摸屏构造对多触点电容触摸屏尤为重要。触摸屏的构造不仅要满足外形工业设计和机械安装方便可靠,而且要尽可能多地提高透明度,减小每一个感应条的分布电容 C_s 和电阻 R_s 的乘积,并尽可能地减少来自触摸屏下面 LCD 显示器干扰信号的影响。为了对触摸屏本身有一个更好的了解,有必要明白多触点电容触摸屏的具体构造和它所使用的材料。一个使用双层 ITO 的触摸屏一般来讲它共有 9 层。图 8.25 是电容触摸屏的剖面示意图。

下面对这 9 层材料和它们的特性分别作介绍。

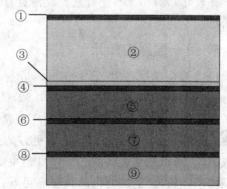

①—表面护罩;②—覆盖层;③—掩膜层和标识层;
④—光学胶;⑤—第一层感应单元与衬底;⑥—光学胶;
⑦—第二层感应单元与衬底;⑧—空气层或光学胶;
⑨—LCD 显示屏

图 8.25　电容触摸屏的剖面示意图

1. 表面护罩

这一层主要用于对第②层的塑料或其他质地相对比较软的材料有一个保护的作用。它的厚度小于 100 μm。所有塑料覆盖层上面都需要硬护罩,以免手指触摸会划伤触摸表面。它的硬度至少要达到3H等级。如果覆盖层是玻璃,则可以不需要表面护罩,但玻璃必须经过化学加强或淬火处理。表面护罩需要与覆盖层进行光学匹配,以免光损失过多。护罩的类型一般有:防反射型(AR)表面护罩、防炫型(AG)表面护罩和防污型(AS)表面护罩。注意,有许多防反射型表面护罩采用透明的金属氧化物材料,这种表面护罩材料会影响电容触摸感应,应尽量避免使用,应使用有机材料的护罩来代替它。

2. 覆盖层

这一层的材料主要有聚碳酸脂、有机玻璃及玻璃。它的厚度为 0~3 mm,也不是所有的触摸屏都有。如果采用玻璃作为第一触摸感应层的衬底,则ITO的护罩必须放在它的下面,这时将不需要表面护罩,用户直接在玻璃上进行触摸。这一层一般采用高介电常数的材料,使得手指感应电容量最大化。对于它的光学折射率(IR),则必须尽量与其他层和光学胶进行匹配,以尽量减小光损失。另外,它的厚度在保证机械强度的情况下应尽量薄,以便获得更高的信噪比和更好的感应灵敏度。

3. 掩膜层和标识层

这一层的厚度大致为 100 μm。它处于覆盖物的下面,用于隐藏布线和LCD的边缘等。可以在这一层上增加保护性标识,例如:图标、产品标志、文字等。但标识物必须相当平整,必须平整压在ITO的衬底上。标识物材料也应该是非导电的,它可以与ITO布线部分结合在一起,它应避免碳之类的黑色材料。

4. 光学胶

它的厚度为 25~200 μm。通常使用PSA薄膜或PSA压敏胶。因为,它的光学参数匹配性能比较好,光损失少,还有它比较薄且有高的介电常数,有利于提高信噪比和有更好的感应手指电容。

5. 第一层感应单元与衬底

ITO涂层的厚度小于 100 nm,折射率IR大约为 1.5。它还包括衬底,衬底一般是 100 μm~1 mm 的玻璃(IR大约为1.52)或 25~300 μm 的PET薄膜(IR大约为1.65)。ITO的厚度选择需要在透光率和面电阻之间取得一个折中。因为厚的ITO有低的面电阻,因而会有更好的信噪比,而薄的ITO会有更好的透光率。薄膜衬底与玻璃衬底相比它更灵活,容易制成薄片,使用低温沉淀工艺可以得到更薄的ITO。玻璃衬底要在 200 μm 以上才会有更高的良品率,但它光学性能比薄膜衬底更好。如果ITO做在下表面,则玻璃衬底可以作为表面覆盖物,不需要表面护罩。

6. 光学胶

它的厚度为 25~200 μm。它的材料和技术特性和第三层基本一样。需要说明的是这一层的介电常数、厚度与交叉电容即互电容有关,对信号的灵敏度有很大的影响。这一层的光学胶通常与各向异性导电胶结合使用。各向异性导电胶有 ACA,它有两种应用形式:各向异性导电薄膜 ACF 和各向异性导电涂层 ACP。

7. 第二层感应单元与衬底

与第一层衬底的材料相同。两个感应单元的衬底应使用相同的材料,薄膜与玻璃不要混合使用。这一层材料的折射率 IR 与其他层不匹配将会导致用户可以看到 ITO 的图样模型。如果 ITO 在衬底上表面,则厚的衬底有利于好的信噪比,如果 ITO 在衬底的下表面,则薄的衬底有利于好的信噪比。同样在边缘区域要求采用异向导电胶。前面曾经提到,现在已有使用单层 ITO 的工艺,对单层 ITO 的工艺,这一层将不需要,其中的排与列在交叉点使用金属跳线工艺,它在排或列的方向有更小的电阻,因而具有更好的性能。排与列的长度相比,应选择在较长的方向使用金属跳线。

8. 空气层或光学胶

这一层可以是空气层或光学胶。空气介电常数 $\varepsilon=1$,使用空气可以减小来自 LCD 的寄生电容因而可以降低来自 LCD 屏的电气干扰。它的厚度由触摸屏的硬度决定,当手指触摸触摸屏时,不能接触到 LCD 屏,否则会产生牛顿环效应。它也需要周围密封,以防止灰尘进入。空气大约有 8% 光损耗,除非表面作了防反射处理。

使用光学胶可以使触摸屏的安装更坚固。如果光学参数匹配得好可以使光的损失更小。为了尽量减少来自 LCD 屏的干扰,光学胶的介电常数 ε 尽可能最低。ITO 感应单元与 LCD 上表面之间的最小距离为 $250\ \mu m$。

9. LCD 显示屏

对于 LCD 显示屏主要考虑它工作时带来的噪声对触摸屏的影响。LCD 的噪声主要来自 LCD 的背光源和 LCD 像素驱动控制信号。在使用电容触摸屏时,应尽量不要采用被动点阵屏,因为被动点阵屏的 LCD 正面会有高压信号,容易干扰触摸屏。应尽量使用带 Vcom 的有源点阵屏,Vcom 可以构成虚地具有屏蔽功能。如果确实需要采用被动点阵屏,可以在触摸屏中再增加一个 ITO 屏蔽层,这个屏蔽层必须接地,以去除寄生电容 C_P 的影响。从实际的应用看,增加一个 ITO 屏蔽层对来自 LCD 的干扰有很好的抑制作用,提高信噪比。

8.3.4 电容触摸屏的 ITO 图样

ITO 需要设计成一定的图形,一层为行感应阵列,另一层为列感应阵列。同样的模型既可以应用于轴坐标式触摸屏,也可以应用于多点触摸识别位置的触摸屏。它常用酸蚀刻的方法实现图形化,也可以采用激光烧蚀的工艺方法。

ITO 的图样模型有各种形状,图 8.26 是几种可选的 ITO 图样。其中菱形是最常用的,而六角形在双层的 ITO 工艺中是不推荐的,见图 8.27。因为,它在其中的一个方向上,在交叉点处有非常大的电阻(ITO 电阻与方块的个数成正比,与大小无关)。但在单层的 ITO 工艺中可以使用六角形,因为交叉点长连接可以使用金属导线,而短连结可以使用更宽的 ITO 连接,因而在两个方向上电阻都可以减小。无论什么图样,图形之间的相互连线避免过长,导致电阻增大。

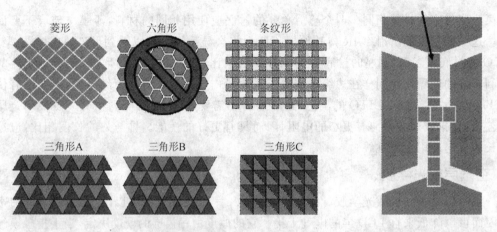

图 8.26 几种 ITO 图样

图 8.27 六角形交叉点图样

多个图形块连接构成行和每列的阵列,每行和每列的图形块应该是完整的菱形,行和列边缘形状或在每行与每列的两端总是半个菱形。如果空间允许,行和列结束处可以向外扩展一些,以增加屏边缘感应灵敏度。行列可以进行拉伸或缩小,以使得行列长度符合区域要求。要求每行和每列的开始与结束采用半个菱形,这样可以避免有些行和列的感应面积不一样,避免引起扫描检测不一致(见图 8.28)。

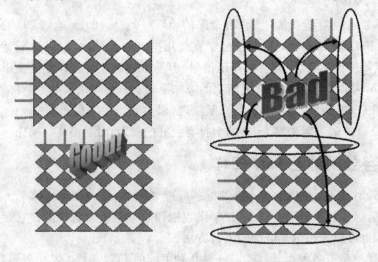

图 8.28 每行和每列的开始与结束采用半个菱形

一个图形块的大小以一个手指可以触摸 4 个图形块为宜。这样便于在 X 和 Y 方向使用质心算法来给手指定位。通常菱形对角线长度建议在 4~6 mm。

行和列感应单元需与触摸屏控制器连接,连线布在屏的四周,每行和每列都需引出一根连线,又长又薄的连线必须是金属连线,因为长而细的 ITO 有很大的电阻阻值。连线通常统一引到触摸屏的某个固定位置,然后通过 FPC 软导线与系统板相连。

ITO 与金属线连接时,行和列的金属连接必须覆盖整个 ITO 图形的连接边(见图 8.29)。它通常采用银浆墨水,丝印或喷墨处理工艺。连线宽度和间距的典型值是 250 μm(中心距 500 μm)。行和列越多,边缘宽度就要越宽,以便有足够的走线空间。一般 10 列要求 5.25 mm 的布线空间。在玻璃衬底上也可以采用光刻镀铝处理工艺,它的线宽可以小于 50 μm。

图 8.29 ITO 与金属线连接

8.4 电容感应触摸屏的电学参数定义

1. 电容分辨率 C_R

它是以电容变化为模拟量转化成数字量后,该数字量每变化一个字(或一个最低有效位 LSB)所反映的电容的变化量。它类似于一个 A/D 转换器的电压分辨率,这个值越小,电容分辨率越高,它的单位为 pF/LSB。

2. 输入噪声电容 C_N

输入噪声电容被反映在测量端的数字量围绕某一个数字值上下波动,这个波动的峰-峰值就对应于输入噪声电容。这个值乘以 C_R 就是输入噪声电容的大小。输入噪声电容这个值在最终的系统里可能因为电源噪声、LCD 噪声、高频通信产生的射频干扰而比数据表所给出的更高,但它可以通过硬件和软件的滤波来缩减。

3. 整个手指电容 C_{FT}

规定以一个 6 mm 直径的手指,触摸触摸屏所产生的电容变化,导致在测量端所有感应块(X 轴上和 Y 轴上)的计数值或 A/D 转换值的变化的总和。如果使用差值来计算,它必须要加上设。

4. 总信噪比 SNR_T

总信噪比为手指触摸触摸屏在所有感应块上被测量到的信号之和,与在一个感应块上的噪声的比值。由总信噪比 SNR_T 和手指直径可以定义无噪声分辨率 NFR。

5. 扫描时间 T_{SCAN}

它是花费在将触摸屏上所有感应块的电容转换成数字量的时间,即扫描一屏的时间。它可以通过示波器观察某一个感应块所连的 I/O 口上的波形来测量。

6. 无噪声分辨率 NFR

无噪声分辨率被定义为

$$NFR = \frac{D_{FINGER}}{SNR_T}$$

式中:D_{FINGER}——手指的直径。D_{FINGER} 反映了触摸屏测试系统可以检测手指在触摸屏上移动的最小单位。它不仅可以针对 X 轴,也针对 Y 轴方向。它既可以用物理的方式表示(mm),也可以用逻辑的方式表示(如 240×320)。物理的方式和逻辑的方式表示的转换非常简单,比如一个物理方式的 NFR=0.1 mm,如果屏在 X 方向的尺寸是 6 cm,那么逻辑的方式表示就是 60/0.1 = 600。

可以通过下面的方式来测量触摸屏系统的无噪声分辨率 NFR:先设定一个触摸屏的逻辑分辨率,比如,对一个尺寸为 10 cm×60 cm 的屏,设定它的逻辑分辨率为 1000×600。然后将一个稳定的手指(可以使用接地的直径 6 mm 的金属片或金属柱代替)放在触摸屏上,记录 X 和 Y 的值,如此重复采样至少 100 次。将测量到的值与实际的值进行比较,并计算它们的方均根偏差 σ,这个偏差的 3 倍值就是手指位置偏差的峰-峰值。如果计算得到在 X 方向的 3 倍的方均根偏差 σ 等于 9,那么在 X 方向的实际逻辑分辨率 NFR 为 1000/9≈111.1。对逻辑分辨率设定为 1000×600,尺寸为 10 cm×60 cm 的屏,一个点的大小为 0.1 mm×0.1 mm 实际的物理分辨率 NFR 为 9×0.1 mm=0.9 mm。

7. 位置测量精度 ACC

它被定义为触摸屏控制器测量到的手指位置与实际的手指位置的最大误差。这个误差由 XY 二维平面的距离公式给出:

$$D_E = \sqrt{(X_M - X_R)^2 - (Y_M - Y_R)^2}$$

式中:X_M 和 Y_M——手指位置的测量值;

X_R 和 Y_R——手指位置的实际值。

位置测量精度被定义在触摸屏的激活区域,不包括屏的边缘部分。

8. 响应时间 T_{RESP}

响应时间被定义为从手指触摸到触摸屏控制系统向主控端报告触发事件的时间。它可以通过向放在屏上的金属片或金属柱施加一个 V_{cc} 的电源电压,然后用示波器观察触摸屏控制系统向主控端报告触发事件的中断引脚信号变化来测量。

电容感应触摸屏的电学参数定义,为评估触摸屏及触摸屏系统性能提供了一个很好的标准。

8.5 电容感应触摸屏需要解决的问题

8.5.1 灵敏度与信噪比

灵敏度与信噪比是电容感应触摸屏系统的最根本的问题,无论是对用CSD实施的双触点屏,还是对使用all point实现的全触点触摸屏。足够高的灵敏度不仅保证触摸信号的可靠和稳定,而且由无噪声分辨率的定义可以知道,更高的信噪比可以获得更好的手指定位分辨率。除了前面反复提到的降低排和列的ITO电阻外,还有一些方法可以参考。

1. 双路由排和列的引出线

在触摸屏的边缘宽度条件允许的情况下,使用双路由排和列的引出线,是又一个减少排/列电阻对信号衰减影响的有效方法,尤其是对排/列中较长的感应条。图8.30是三种双路由引出线,它们分别是排双路由、列双路由和排与列都双路由。

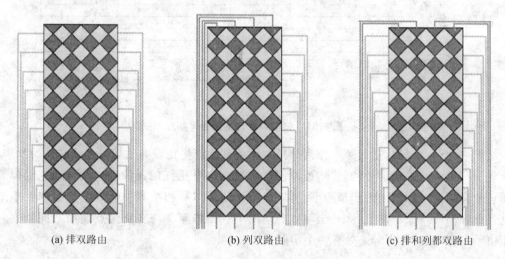

(a) 排双路由　　　　　(b) 列双路由　　　　(c) 排和列都双路由

图8.30　三种双路由排和列的引出线

在每一排/列的两头引出线,然后将这两根线合并到一起,再连接到PSoC芯片的I/O口上,它不增加I/O的数目,但这样一来,它的两端都成了近端,而感应条的中间点,则成了远端,当手指触摸中间点时,由于电流有两个方向的通路,所以由于电阻的并联效应,它的电阻只有整个感应条电阻的1/4。所以,对于比较大的屏或排与列中有一个方向特别长的屏,采用双路由引出线是降低ITO排/列电阻和提高灵敏度的最有效的方法。

2. 选择更合适的扫描频率

无论是双触点屏还是全触点触摸屏,所使用的扫描频率与信号的幅度都对灵敏度与信噪比有直接的影响。图 8.31 是一个全触点触摸屏使用各种扫描频率扫描得到的屏的近端和远端的手指信号曲线。可以看到,对这个屏在一定的频率范围里(250~1 500 kHz),频率越高,信号越大。但频率过高以后信号的幅度反而下降。在频率比较低时,近端和远端的手指信号差异比较小,而在信号比较大时,近端和远端的手指信号差异也比较大。这是由于远端的信号被 ITO 的 RC 网络衰减,频率比较高的扫描频率比频率低的扫描频率有更大的衰减。同时,由于整个系统的分布电容的存在,在不同的频率点噪声的幅度也不一样。

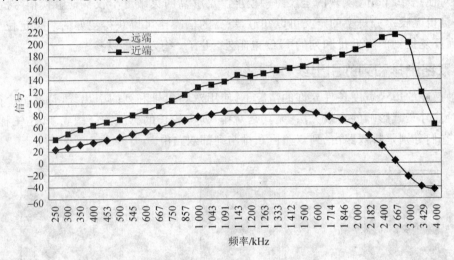

图 8.31　扫描频率与手指信号幅度

所以,找到一个最合适的频率作为扫描频率使其能产生比较高的信号和比较低的噪声,并兼顾近端和远端的手指信号的差异,可以使这个触摸屏有更好的灵敏度。在全触点触摸屏中对每一个交叉点使用不同的扫描频率,可以获得比使用单一扫描频率更好的信号和在整个屏上获得更好的一致性。图 8.32 是全触点屏使用单一扫描频率与在交叉点使用不同频率时的手指信号幅度比较(在 X4Y1 处有一个半圆孔)。

3. 数字滤波

数字滤波是减少噪声提高信噪比的有效方法。有三种数字滤波器可以使用,它们是:原始数据抖动滤波器、原始数据中值滤波器和原始数据 IIR 滤波器。

数据抖动滤波器,如图 8.33 所示。它的输入输出关系由下式给出:

$$y_n = X_n - 1, \quad \text{如果} \ X_n > y_{n-1}$$
$$y_n = X_n + 1, \quad \text{如果} \ X_n < y_{n-1}$$

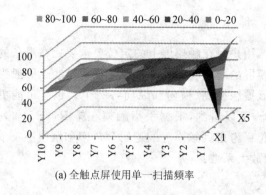 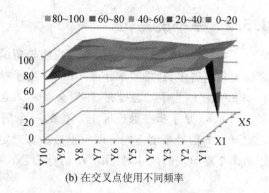

(a) 全触点屏使用单一扫描频率　　　　(b) 在交叉点使用不同频率

图 8.32　全触点屏使用单一扫描频率与在交叉点使用不同频率时的手指信号幅度

$$y_n = X_n, \quad 如果 X_n = y_{n-1}$$

其中，X_n 是本次扫描采样值，y_n 是本次滤波输出值，y_{n-1} 是上一次的滤波输出值。数据抖动滤波器主要可以滤除数据在中心值附近的上下抖动，它对于数据包含最末 4 个字的峰-峰值抖动噪声的滤波效果最好。但对于大的峰值噪声滤波效果不明显。

中值滤波器，使用最近 3 次的扫描采样值，并比较它们的大小，取中间的值作为滤波器的输出。中值滤波器可以滤除尖峰噪声。但由于它需要保留每一个感应块前 3 次的历史采样数据，因此它的 RAM 开销比较大（感应块总数×4），并且它也带来比较大的延时，所以对于比较大的屏或排和列的数目比较多的屏一般不推荐使用。

无限冲激响应（IIR）滤波器，如图 8.34 所示。它的输入输出关系式如下：

$$y_n = a \times X_n + b \times y_{n-1}$$

这里 $b=1-a$，IIR 滤波器可以更有效地滤除扫描采样值的噪声。推荐的 IIR 滤波器的系数 (a,b) 为 $(1/2,1/2)$ 或 $(1/4,3/4)$。更小的 a 值和更大的 b 值滤波效果会更好，但它可能会影响手指触摸的响应时间。

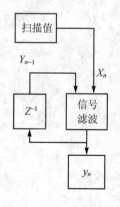 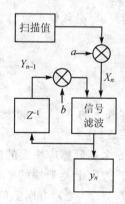

图 8.33　抖动滤波器　　　　图 8.34　IIR 滤波器

8.5.2 手指的定位

手指在触摸屏上精确定位是用户所希望的。用户对在触摸屏上的定位要求要比在滑条的定位要求高得多，通常要求小于 1 mm。由于触摸屏的菱形块的尺寸被设计在对角线上一般为 4~6 mm，所以当手指触摸时，一般会有 4 个菱形被触摸到（横向和纵向各 2 个），也有可能更多。图 8.35 是手指在触摸屏上定位的一个例子，可以看到，根据手指触摸在排 R4、R5 和列 C2、C3 上的信号幅度不同可以用重心法实施定位。考虑到触摸屏的逻辑分辨率和触摸屏 4 个边的半个菱形块的尺寸，使用简单的重心公式乘放大系数：

$$P = \bar{n} \times G = \frac{\sum_{n=1}^{N} n \cdot S_n}{\sum_{n=1}^{N} S_n} \times G$$

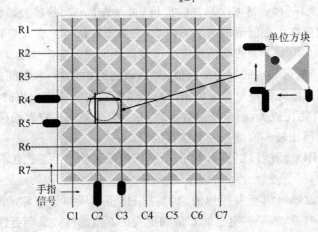

图 8.35 手指在触摸屏上的定位

已不能满足精度的要求，必须修改计算公式，使用下面的经过修正的公式：

$$P = \frac{R_L}{N} \times \frac{\sum_{n=1}^{N} n \cdot S_n}{\sum_{n=1}^{N} S_n} - 0.5$$

式中：P——手指在屏上的 X 或 Y 的坐标值；

　　　G——放大系数；

　　　S_n——在第 n 个菱形感应块上的信号值；

　　　N——X 或 Y 方向上菱形块的个数；

　　　R_L——触摸屏在 X 或 Y 方向上的逻辑分辨率。

修改后的公式可以得到比较好的计算精度。

尽管这样,由于触摸屏 4 个边的半个菱形块与相邻块的互电容要比中间块的互电容小,所以它与中间块所产生的信号幅度将出现不一致,而信号幅度的一致性是定位计算的基础,这将导致边缘定位的误差。还有菱形块本身形状和大小所决定的蛇形定位误差,蛇形定位误差可以用手指在屏的对角线画线,但得到的不是一条笔直的直线,而是一条类似蛇形的曲线(见图 8.24)反映出来。这些问题都会影响定位的精度,需要更好的方法或算法来解决。

8.5.3　LCD 的干扰

LCD 屏在触摸屏的正下方并紧贴触摸屏,LCD 工作必然干扰触摸屏。LCD 的干扰信号使触摸屏的信噪比大幅度的减小,严重的情况可能导致触摸屏无法正常工作。如何克服来自 LCD 的干扰是电容触摸屏必须要解决的问题。前面已经提到,尽量不要采用被动点阵屏,避免被动点阵屏的 LCD 正面高压信号干扰触摸屏。前面也提到,在 LCD 屏和触摸屏之间使用空气隙可以减少来自 LCD 的干扰,因为空气隙有比较低的介电常数,可以减少 LCD 与触摸屏之间的耦合电容。另外一个有效的方法是在 LCD 与触摸屏之间增加一层 ITO 的屏蔽层。虽然增加一层 ITO 的屏蔽层对触摸屏的透光性有一点损失,但它对 LCD 的干扰信号的抑制却是非常有好处的。图 8.36 是一个单层 ITO 屏加 ITO 屏蔽层的构造图。使用 ITO 屏蔽层并使该层连接到电路地可以屏蔽来自 LCD 的干扰。但接地的方式对屏蔽的效果有一定的影响。由于 ITO 是有电阻的,所以如果采用单点引出线接地,对引出点附近区域有好的屏蔽效果,但远离引出点的区域屏蔽效果将比较差。好的方法是在屏蔽层的四周使用多点引出线,并将这些引出线连起来再连接到地,见图 8.37 中的(b)和(c)。ITO 屏蔽层的使用增加了电容触摸屏的自电容,在触摸屏的控制电路设计和扫描频率的选择中必须加以注意。

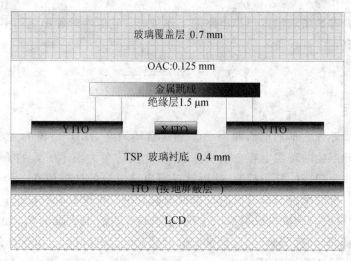

图 8.36　单层 ITO 屏加 ITO 屏蔽层的构造图

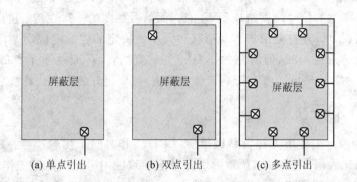

图 8.37　ITO 屏蔽层的单点引出、双点引出和多点引出

8.6　电容感应触摸屏用户模块 API

　　PSoC 芯片开发环境 PSoC Designer 5.0 版本为电容触摸屏应用芯片 CY8CTMG110 提供电容感应触摸屏用户模块（TOUCH GESTURE），它支持双触点手势应用。该模块使用增强型的 CSD 电路构造，并包括一些与触摸屏应用相关的 API 函数供用户调用。由于它的大多数参数和 API 函数、CSD 用户模块的参数和 API 函数类似，在此仅对一些不同的地方给予介绍。

1. 预分频器周期

　　预分频器周期参数用于设置扫描电路的工作频率。它由主时钟振荡频率 f_{IMO} 除以预分频器周期值加 1 得到：

$$f_{SW} = \frac{f_{IMO}}{presater + 1}$$

2. 自动标定

　　自动标定使用芯片内部的恒流源 IDAC，通过自动调整 IDAC 电流的大小，来消除外部电路（非触摸屏本身）产生的寄生电容造成感应条/块之间信号大小不一致的影响。它也在一定的范围内自动地改变扫描的开关频率，使得针对感应块电容的计数值在一个合理的范围内以简化调试的过程。自动标定的最终目的是通过调整 IDAC 和开关频率来标定屏上的每一个感应块/条的电容所对应的计数值或 A/D 转换值在满刻度值的 1/2 或 2/3。如果使用的是一个 12 位的计数器或 A/D 转换器，满刻度值的 1/2 就是 $2^{12}/2$。自动标定如果被允许，它将在调用函数 TRUETOUCH_GESTURE_Start() 时被执行一次。它也可以在任何时候通过调用函数 TRUETOUCH_GESTURE_AutoCalibration() 来重新实施自动标定。自动标定如果被禁止,调用函数 TRUETOUCH_GESTURE_Start()将不执行自动标定,自动标定函数将不可用。

3. 主要变量定义

TRUETOUCH_GESTURE_awRaw1[] 这是一个整型的数组,它包含触摸屏上每一个感应块/条的原始计数值,如果前面提到的数字滤波被允许,那么这个数组存放的是滤波后的值。这个数组的大小等于所有 X 和 Y 方向感应块/条数目的总和。这个数组的值被下面的函数刷新:

```
TRUETOUCH_GESTURE_ScanSensor();
TRUETOUCH_GESTURE_ScanAllSensors();
```

TRUETOUCH_GESTURE_abSig[] 这是一个字节型的数组,存放原始计数值与基本线值的差值即信号值,这个数组的大小等于所有感应块/条数目的总和。

TRUETOUCH_GESTURE_awFingerPosX[] 这是一个字节型的数组,用于存放两个 X 轴的坐标值,高位 MSB 在前,低位 LSB 在后。它的值在调用下面的函数后被刷新:

```
TRUETOUCH_GESTURE_bGetDoubleCentroidPos();
```

TRUETOUCH_GESTURE_awFingerPosY[] 这是一个字节型的数组,用于存放两个 Y 轴的坐标值,高位 MSB 在前,低位 LSB 在后。它的值在调用下面的函数后被刷新:

```
TRUETOUCH_GESTURE_bGetDoubleCentroidPos();
```

4. 几个关键的 API 函数

(1) 自动标定函数

void TRUETOUCH_GESTURE_CalibrateSensors(WORD wTarget)

当自动标定参数设置为允许时该 API 函数可用。这个函数在调用 TRUETOUCH_GESTURE_Start() 时被调用一次。这个函数主要调整 IDAC 电流以使原始计数值尽可能地接近 wTarget。

参数:wTarget——希望达到的原始计数值。

(2) 计算手指坐标函数

BYTE TRUETOUCH_GESTURE_bGetDoubleCentroidPos(void)

如果有手指触摸被检测到,这个函数使用质心法计算手指的 X、Y 坐标值。它的逻辑分辨率在电容感应触摸屏用户模块的向导器中被用户设置。

返回值:手指的 X、Y 位置的坐标值

(3) 判断手指姿势函数
void TRUETOUCH_GESTURE_DetectGestures()

如果有一个手指的姿势被检测到,则将表示手指姿势的代码放在变量 gesture_code, gesture_parameter_LSB 和 gesture_parameter_MSB 中。表 8.1 是 9 种手指姿势对应的代码和它们的参数含义。

表 8.1 手指姿势对应的代码和它们的参数含义

手 势	gesture_code	gesture_parameter_MSB	gesture_parameter_LSB
无手势	0x00	—	—
双 击	0x01	—	—
左旋转	0x02	—	角度的步数,最大 7 bit
右旋转	0x04	—	角度的步数,最大 7 bit
左平移	0x08	平移的步数,4 bit,低 4 位	
右平移	0x10	平移的步数,4 bit,低 4 位	
上平移	0x20	平移的步数,4 bit,高 4 位	
下平移	0x40	平移的步数,4 bit,高 4 位	
缩 放	0x80	—	0x01=放大;0x02=缩小

5. 示范参考程序

这个示范参考程序包括启动电容感应触摸屏用户模块,扫描所有的感应块,存储第一个感应块的原始计数值、基本线值和手指信号(差值)到 I^2C 的缓冲器 RAM 中,以便于 I^2C USB 桥从中读取观察。这个参考程序假定所配置的用户模块被命名为 TRUETOUCH_1,而一个 EzI2Cs 的用户模块被命名为 EzI2Cs_1,在电容感应触摸屏用户模块中自动标定被设置成允许。

另外,在电容感应触摸屏用户模块中使用 12 位的分辨率和快的扫描周期,预分频器周期参数设置为 45(扫描电路的工作频率 $f_{SW}=24$ MHz/46$=521.7$ kHz)。外部电阻设置:$R_b=20$ kΩ,$R_o=5$ kΩ。触摸屏的逻辑分辨率:X 方向分辨率$=240$,Y 方向分辨率$=320$。

参考程序:
```
/*-----------------------------------------------------------------*/
#include <m8c.h>              // 芯片相关的常数和宏定义
#include "PSoCAPI.h"          // PSoC 对所有用户模块的 API 定义

Structs I2CRegs{
```

```
    WORD FirstSensorRaw;              //第一个感应块的原始计数值
    WORD FirstSensorBaseline;         //第一个感应块的基本线值
    BYTE FirstSensorSignal;           //第一个感应块的差值(信号值)
    WORD XCoordinate;
    WORD YCoordinate;
    BYTE GestureCode;
    BYTE GestureParmM;
    BYTE GestureParmL;

} MyI2C_Regs;

BYTE FingerOn;

void main()
{
    M8C_EnableGInt;

    EzI2Cs_1_SetRamBuffer(sizeof(MyI2C_Regs),0,(BYTE *)&MyI2C_Regs);
    EzI2Cs_1_Start();
    EzI2Cs_1_EnableInt();

    TRUETOUCH_1_Start();
    TRUETOUCH_1_CalibrateSensors(2000);
    TRUETOUCH_1_InitializeBaselines();

    while(1){
            TRUETOUCH_1_ScanAllSensors();
            FingerOn = TRUETOUCH_1_bGetDoubleCentroidPos();
            if(FingerOn)
                {
                MyI2C_Regs.XCoordinate = TRUETOUCH_1_awFingerPosX[0];
                MyI2C_Regs.YCoordinate = TRUETOUCH_1_awFingerPosY[0];
                MyI2C_Regs.YCoordinate + = TRUETOUCH_1_awFingerPosY[1] * 256;
                }
            else
                {
                MyI2C_Regs.XCoordinate = 0;
                MyI2C_Regs.YCoordinate = 0;
                }
```

```
            TRUETOUCH_1_DetectGestures();

            MyI2C_Regs.FirstSensorRaw = TRUETOUCH_1_awRaw1[0];
            MyI2C_Regs.FirstSensorBaseline = TRUETOUCH_1_awBaseline[0];
            MyI2C_Regs.FirstSensorSignal = TRUETOUCH_1_abSig[0];

            MyI2C_Regs.GestureCode = gesture_code;
            MyI2C_Regs.GestureParmM = gesture_parameter_MSB;
            MyI2C_Regs.GestureParmL = gesture_parameter_LSB;
        }
    }
```

第 9 章

用动态重配置实施 CapSense Plus

在 PSoC 芯片上不仅可以实施 CapSense 触摸感应,还可以实现用户希望实现的其他功能,如控制 LED 灯、温度测量、马达控制等。这就是所谓的 CapSense Plus。

用 CapSense CSD 模块实施触摸感应有诸多优势,但它需要占用 3 个数字模块和 3 个模拟模块。而 CY8C21x34 芯片只有 4 个数字模块和 4 个模拟模块,如果要实施 CapSense Plus, CY8C21x34 的模块资源显得有些捉襟见肘。然而由于 PSoC 的周边资源是通过数字模块和模拟模块的方式给出,并且这些模块的功能可以由用户自己定义和配置,这就给实现动态重配置 CY8C21x34 芯片的周边资源带来可能,使 CY8C21x34 的数字模块和模拟模块可以实施一块两用或一块多用。所以可以使用动态重配置实施 CapSense Plus,使 CY8C21x34 芯片的资源有更高的利用率,系统的成本也为之降低。

9.1 什么是动态重配置

一个 MCU 的所有资源在它被定义时就被完全确定,用户只能使用或不使用这个资源,不能改变这个资源的功能。即使一个经验很丰富的 MCU 应用设计工程师最多也只能用到 MCU 中 90% 的资源,总有一些资源要被冗余或浪费掉。然而,PSoC 的动态重配置性能可以使它的数字模块和模拟模块实施一块两用或一块多用,使 PSoC 芯片的资源利用率超过 120%。

类似网络通信中使用"时分复用"技术,动态重配置也是使 PSoC 的数字模块和模拟模块实施时分复用,即在同一个应用项目中不同的时刻同一个或几个模块有不同的功能。一个典型的例子是:使用 PSoC 控制的自动饮料售货机。每天 23 小时 59 分,PSoC 将两个数字模块定义成计数器和 PWM 用于检测客户投入的硬币和控制机械机构送出饮料。在深夜有几秒种的时间,PSoC 将这两个数字模块重新配置,使其变成一个波特率 300 的 UART(由两个数字模块组成),完成向财务中心传送一天销售额、存货等数据的功能。这两个模块的时分复用降低了系统的成本。

动态重配置并不局限于双重配置,它允许用户实施多重配置,动态多重配置可以大大提高 PSoC 模块资源的利用率。但通常来讲,动态多重配置的实施取决于具体的项目和设计工程师的想象力以及对多任务程序设计的驾驭能力。

9.2 动态重配置的实施

事实上,PSoC Designer 集成开发环境已经为用户实施动态重配置创造了良好的条件,在进入 PSoC Designer 的 Device Editor 环境时,它为用户提供了一个基本的模块配置平台。当用户在这个平台上完成了基本的模块配置以后,通过单击 Add Loadable Configuration 按钮,即会出现一个新的模块配置平台,在这个平台上可以实施第一重的模块配置。再单击 Add Loadable Configuration 按钮,又会出现一个新的模块配置平台,在这个平台上可以实施第二重的模块配置……见图 9.1。通常将不能时分复用或不需要动态重配置的模块放在基本的模块配置中进行配置,而将需要时分复用的模块按其功能要求实施重新配置。配置完毕,且所有模块参数也设置完毕,单击 Generate Application 按钮即可生成所有模块的 API 函数供用户调用。同时在生成的库函数中也包含了各个配置的列表和装载、卸载各个配置的函数。在用户程序中正是使用这些装载、卸载配置的函数来轻松地实施各个模块配置之间的切换。

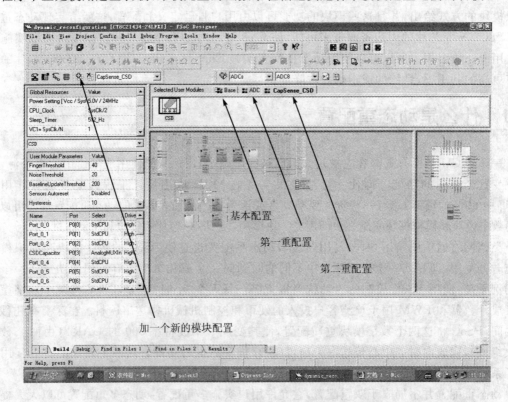

图 9.1 在 PSoC Designer 集成开发环境上实施多重配置

通常在程序开始要先调用基本的模块配置,在使用某一个功能块任务时调用这一个功能块相应的模块配置。在这一个功能块的任务完成以后,要切换到另一个模块配置实施相应的任务之前,必须先卸载当前的模块配置,然后再调用新的模块配置。通过这种反复不断地装载、卸载配置函数的调用,使 PSoC 的某些模块资源在不同的时刻发挥不同的作用和功能。

9.3 怎样用动态重配置实施 CapSense Plus

在这个例子中,使用 CY8C21434 实施 4 个触摸感应键的检测,并将对应的感应键状态在 P2.0～P2.3 输出控制 4 个 LED 灯。同时通过 P1.1 口输入电压来控制 P2.6 上的 LED 的亮度。触摸感应键的检测使用 CapSense CSD 用户模块,它需要占用 3 个数字模块和 3 个模拟模块;输入电压的检测使用一个 10 位的 ADC,它需要占用 1 个数字模块和 2 个模拟模块;LED 灯的亮度控制使用一个 PWM 控制,它需要占用 1 个数字模块。总共需要 5 个数字模块和 5 个模拟模块。但是,CY8C21434 仅有 4 个数字模块和 4 个模拟模块,利用动态重配置可以解决模块资源不足的问题。

首先,在基本配置中放置 PWM 模块,并将其输出引到 P2.6,再在第一重配置中放置 ADC 模块,将输入连到 P1.1,再在第二重配置中放置 CSD 模块,并设定 4 个感应键的 Pin 脚和相关参数,4 个 LED 灯由程序通过 I/O 口直接控制。图 9.2 是实施上面所说功能的主程序流程图。所有被调用的函数均由系统生成并位于相应的库函数中。

对应框图的程序代码如下:

```
void main()
{
    PRT2DR = bPRT2Shade;                        //设定 LED 脚为高
    LoadConfig_Base();                          //装载基本配置
    PWM8_Start();

    while(1){
        M8C_EnableGInt;
        LoadConfig_ADC();                       //装载 ADC 配置
        ADC10_Start(ADC10_FULLRANGE);
        ADC10_iCal(0x10A,ADC10_CAL_VBG);        //用 1.3 V = 0x10 标定 ADC,5.0 V 输入范围
        ADC10_StartADC();
        while(0 == ADC10_fIsDataAvailable());   //一次 ADC 采样
        wData = ADC10_iGetDataClearFlag();

        PWM8_WritePulseWidth(wData>>3);         //ADC 值除以 8 并用作 PWM 宽度
        ADC10_Stop();
```

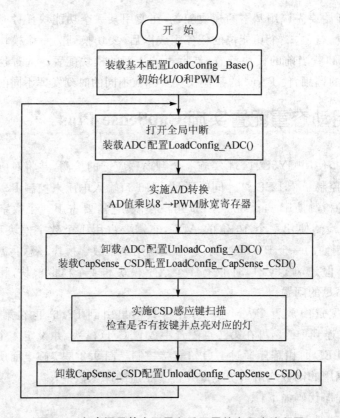

图 9.2　包含调用基本配置和重配置的主程序流程图

```
        UnloadConfig_ADC();                    //卸载 ADC 配置

        LoadConfig_CapSense_CSD();             //装载 CapSense_CSD 配置
            M8C_EnableGInt;
            CSD_Start();
            if(bRunOnce == 0){                 //设置手指感应阈值和初始化 baselines 一次
            CSD_SetDefaultFingerThresholds();
            CSD_InitializeBaselines();
        bRunOnce = 1;
        }
        CSD_ScanAllSensors();                  //扫描所有的感应键
        CSD_UpdateAllBaselines();
        CSD_bIsAnySensorActive();

        switch (CSD_baSnsOnMask[0]){           //找被按的键，一次仅一个有效
            case SENSOR0:
```

```
            bPRT2Shade |= 0xff;              //关所有的 LED
            bPRT2Shade &= ~SENSOR0;          //开 LED0
            PRT2DR = bPRT2Shade;
            break;
        case SENSOR1:
            bPRT2Shade |= 0xff;              //关所有的 LED
            bPRT2Shade &= ~SENSOR1;          //开 LED1
            PRT2DR = bPRT2Shade;
            break;
        case SENSOR2:
            bPRT2Shade |= 0xff;              //关所有的 LED
            bPRT2Shade &= ~SENSOR2;          //开 LED2
            PRT2DR = bPRT2Shade;
            break;
        case SENSOR3:
            bPRT2Shade |= 0xff;              //关所有的 LED
            bPRT2Shade &= ~SENSOR3;          //开 LED3
            PRT2DR = bPRT2Shade;
            break;
        default:
            bPRT2Shade |= 0x0f;              //关所有的 LED
            PRT2DR = bPRT2Shade;
            break;
        }
        CSD_Stop();
        UnloadConfig_CapSense_CSD();         //卸载 CapSense_CSD 配置
    }
}
```

9.4 用动态重配置实施 CapSense Plus 的注意事项

使用动态重配置实施 CapSense Plus,使 PSoC 芯片的资源利用率得到了提高,为了更好、更有效地用动态重配置实施 CapSense Plus,在操作中必须注意以下几个方面。

(1) 基本配置不能省略

基本配置用于配置芯片的全局资源和不需要或不能实施动态配置的资源。这些资源的参数配置定义了芯片工作最基本的环境。比如,芯片的工作电压和 CPU 时钟,以及大多数 I/O 的配置等。基本配置一般不会因为装载和卸载第一重和第二重配置而影响它的工作。通常缺省的配置就是基本的配置,不要把它认为或者当作第一重配置而在程序中反复的装载和卸载而导致一些莫名其妙的问题的出现。基本配置通常在初始化时被装载后就永远不再被卸载。

(2) 公共资源不能冲突

在 PSoC 中有些公共资源在装载和卸载重配置时会受到影响,如衍生的时钟信号 VC1、VC2 和 VC3,排的输出输入总线和全局的输入输出总线等。这些资源最好不要发生冲突,如果这些资源发生冲突,可以通过手动调整相关寄存器来实现这些资源的动态配置。

(3) 合理安排中断响应

一个项目通常会有多个中断。在使用动态重配置实施 CapSense Plus 时,要注意中断服务程序尽量不要影响其他程序的工作。因为,现在 PSoC 芯片的中断系统还不支持中断的嵌套。尤其是在有外部中断或由于通信产生中断时要特别注意。如,当装载 CapSense 配置并实施触摸按键扫描时,最好不要出现外部中断或由于通信而产生中断,以免影响触摸按键扫描的结果。通信应该尽量被安排在两次触摸按键扫描的中间的一段时间里进行。否则不仅由于通信而产生的中断会影响触摸按键扫描的结果,反过来 CapSense 触摸按键扫描产生的中断也可能影响通信,使通信成为不可靠的通信。

在卸载 CapSense 配置之前必须调用函数 CSD_Stop();停止 CapSense 模块运行,同样在卸载 ADC 配置之前必须调用函数 ADC_Stop();停止 ADC 模块运行。它可以防止产生错误的中断触发。

(4) 动态配置可能影响响应速度及其对策

在有些使用动态重配置实施 CapSense Plus 时,当触摸感应按键数目比较多,或者在其他配置(如 A/D 有多路通道)占用的时间片比较长时,可能会导致触摸按键的响应速度变慢,影响用户的触摸感觉。这时可以实施的对策包括动态调整各个配置的切换时间、动态调整扫描触摸按键的个数或 A/D 转换的通道数和通过直接设置寄存器来实施动态重配置。

动态调整各个配置的切换时间是指当检测到有手指触摸时设置一个时间段。在接下来的这个时间段里增加触摸感应配置的时间和扫描次数,减少或暂停 A/D 转换配置的时间,以增加触摸感应按键的响应速度,并在每一次检测到有手指触摸时,更新这一个时间段,直到过了这个时间段,便认为按键的操作已经告一段落,动态配置的切换时间再被调整到正常的切换时间。

动态调整扫描触摸按键的个数或 A/D 转换的通道数是指对于有些特定的项目,它需要在某一个按键(例如 ON/OFF 键)被激活并得到确认以后其他的按键触摸才有效的情况下,可以在触摸感应配置的时间里只扫描这一个键来缩短按键的扫描周期,提高按键的响应速度。当这个按键被激活后需要扫描所有的按键时,可以通过减少 A/D 转换的通道数或动态调整各个配置的切换时间来缩短整个扫描的周期来保证按键有合适的响应速度。

事实上,动态配置的切换本身就是通过设置寄存器来实现的。缩短切换时间的最有效方法是通过直接设置寄存器来实施动态重配置,以减少一些不必要的寄存器设置和函数的调用,通过缩短不同配置之间切换的时间来提高响应速度,这需要用户对相关寄存器的作用和细节有更多的了解。

第10章

用 PSoC Express 实施触摸感应按键和滑条

10.1 PSoC Express 简介及系统级应用开发

　　自从 INTEL 公司于 1971 年生产第一颗 MCU INTEL4004 开始,就标志着计算机正式形成了通用计算机系统和嵌入式计算机系统两大分支。这么多年来,嵌入式系统中的嵌入式芯片已经取得了长足的发展。生产嵌入式芯片的厂家也已有百家之多。然而,嵌入式芯片的应用开发方式基本上还是一直采用基于芯片级的应用开发方式。由于不同生产厂家生产的芯片其系统构架和指令系统不一样,嵌入式芯片应用的多样性和广泛性导致用户对芯片内部的资源和 I/O 数量要求不一样,进而使得每一个厂家生产的嵌入式芯片都有许多的型号,这在一定程度上限制了嵌入式芯片应用开发方式的变化和发展。早期大都使用汇编语言进行开发,最近几年 C 语言已经广泛地被用到了嵌入式芯片的应用开发中。在编译器的支持下 C 语言是唯一可以直接操作硬件的高级语言。对于一个相对复杂的项目,虽然用 C 语言开发较汇编语言开发的效率提升了许多倍,但是由于现代嵌入式芯片的集成度和复杂度的大大提高,嵌入式系统的设计工程师需要花比以前更多的时间去熟悉芯片的系统构架,内部资源以及这些资源的控制方式,才能对这些资源实施有效的控制。这不但增加了设计工程师的开发难度,也使产品的开发周期更长。试想,一个由二三十个寄存器控制其内部资源的 MCU,变成了一个二三百甚至上千个寄存器控制其内部资源的 PSoC 芯片时,设计工程师如何开发他的嵌入式应用系统呢?

　　这时,一个从芯片级应用开发方式到系统级应用开发方式的转变就变得非常重要。它只需要设计工程师知道芯片里有那些资源可以满足系统应用的需求,而不要求设计工程师过多的关注芯片的系统构架和内部资源的控制方式,甚至不需要设计工程师编写 C 语言和汇编的代码,仅仅根据应用系统的要求确定和建立输出和输入之间所对应的逻辑或函数关系。PSoC Express 和 PSoC Designer 5.0 为设计工程师应用 PSoC 芯片设计了一个嵌入式系统,提供了系统级应用开发的平台。PSoC Express 允许设计工程师在这个平台上对具有 300 多个寄存器的可编程系统在片芯片(PSoC)进行系统级应用开发,而 PSoC Designer 5.0 包含 PSoC Express 允许设计工程师在这个平台上进行系统级应用开发或芯片级应用开发及二者的交叉开发。而它的可视化和无代码的系统级应用开发方式开创了嵌入式芯片开发的一个新时代。

10.1.1 芯片级应用开发

芯片级应用开发是指设计工程师在开发应用系统时需要直接操作或干预芯片的内部资源。这种操作或干预芯片的内部资源通常是通过应用程序直接访问或读写寄存器来实现的。现在的嵌入式芯片的应用开发方式基本上还都是基于这种开发方式。ARM 虽然可以在 RTOS 上进行开发,但应用程序仍然需要直接操作内部资源。

芯片厂家提供给设计工程师的开发平台(或集成开放环境 IDE)一般分成两块:应用编辑界面和调试界面。应用编辑界面用于用户编辑应用程序,并具有编译和连接生成系统文件和十六进制代码的功能。调试界面用于在仿真器上调试或 JTAG 方式调试。图 10.1 是基于芯

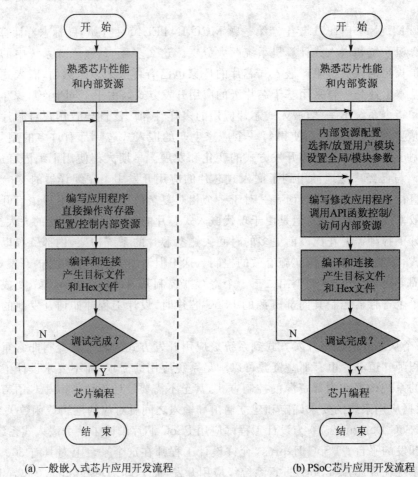

(a) 一般嵌入式芯片应用开发流程　　　　(b) PSoC 芯片应用开发流程

图 10.1　基于芯片级应用开发的一般流程

片级应用开发的一般的流程,图(a)是一般嵌入式芯片应用开发流程,图(b)是 PSoC 芯片应用开发流程。深色的块表明那是在开发平台上进行的工作。由于 PSoC 芯片内的许多资源是以数字模块和模拟模块的方式提供给用户,PSoC Designer 5.0 以前的 IDE 已经用这些数字模块和模拟模块实现了很多的周边功能称之为用户模块,这些用户模块不仅包括数字模块或模拟模块的配置,而且包括操作这些模块的一些 API 函数。这样用户在编写应用程序之前,只要在器件编辑界面下先选择用户模块并且设置全局和模块参数,在应用程序中就可以直接调用模块的 API 来操作模块资源,减少了应用程序的工作量。尽管这样仍然有许多的硬件资源控制还是需要应用程序来干预,如全局资源参数的更新、I/O 口和中断的控制,用户自己定义的功能块等,所以它也是属于芯片级的应用开发。在芯片级应用开发的流程中,如果用户用一个新型号的芯片,那么熟悉芯片的性能和内部资源以及怎样操作这些资源将会占用整个开发周期的很多时间,对新手尤其是这样。

10.1.2 系统级应用开发

系统级应用开发是指设计工程师在开发应用系统时不需要直接操作或干预芯片的内部资源,只要针对系统应用实现输出与输入的对应关系。这种对应关系可以是逻辑的或函数的关系或二者的任意的组合。它有点像在 Windows 操作系统上用 VB 或 VC 开发应用程序,不需要关心底层的代码是如何操作硬件来实现它的功能,只是在应用的层面上实现应用项目所需要的功能。PSoC Designer 5.0 完全基于 PSoC Express 3.0 实现了系统级应用开发的集成应用开发环境,在开发项目时可以把 PSoC 芯片当作一个黑盒,在系统应用的层面上进行开发。开发完成,马上可以将系统生成的代码下载到芯片里进行测试,实现了从抽象概念直接到芯片的开发方式。

10.1.3 系统级应用开发项目的层次结构

为了进一步说明系统级应用开发的概念,可以看一看系统级应用开发项目的层次结构。类似于网络通信中协议的定义被划分为七层,PSoC Designer 5.0 将一个应用项目划分为五个层次(见图 10.2)。最底层是硬件即 PSoC 芯片,依次向上是用户模块、通道、驱动器和应用层。一般把用户模块层和硬件层归结为底层,芯片级应用开发就在这个层面进行。把通道层以上归结为高层,系统级应用开发就是在应用层上进行的。系统级应用开发所使用的元素或单元就是位于第四层的各种各样的驱动器。驱动器只有通过第三层的通道才能调用第二层用户模块的 API 函数。PSoC Designer 5.0 所产生应用项目的系统文件包括除硬件层以外的所有 4 层,即每一层都有每一层的应用文件。一般地讲,上层只和邻近的下层发生作用,如函数的调用,而不跨层作用。这种分层的结构可以把一个复杂的应用系统的开发简单化,可以真正做到独立于硬件的应用软件的设计[2]。设计工程师开发项目所要做的主要设计工作就是在应用层上用传输函数建立输出和输入之间所对应的逻辑或函数关系。

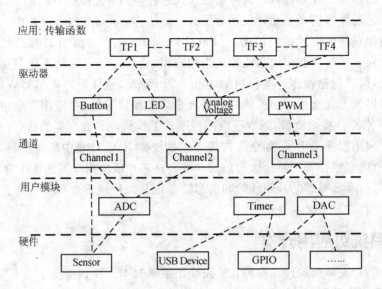

图 10.2　PSoC Express 应用开发项目的层次结构

10.2　PSoC Express 实施触摸感应按键和滑条

10.2.1　基于 PSoC Designer 5.0 的开发流程

用 PSoC Designer 5.0 的开发项目既可以使用芯片级应用开发,也可以使用系统级应用开发。其开发流程如图 10.3 所示。

对一个新的项目,首先选择开发方式。从图 10.3 中可以看到,图(a)是系统级开发,图(b)是芯片级开发。比较后可以发现使用系统级应用开发,几乎所有的工作都是在开发平台上完成的。选择芯片和配置引脚是在生成系统文件时确定的,而不需要在一开始就确定。

在生成系统文件时,IDE 会自动根据应用项目的复杂程度提供所有可供选择的 PSoC 芯片供用户选择。如果已经做好了调试板,马上就可以编程和测试是否实现了系统的功能目标。

有些项目还可以用 I^2C USB 桥进行在线调试参数,在开发环境的输出窗口中看到所有中间变量的实时数据,并将多个中间变量的实时数据以动态曲线的方式给出,实现透明化的应用开发。

用 PSoC Express 实施触摸感应按键和滑条

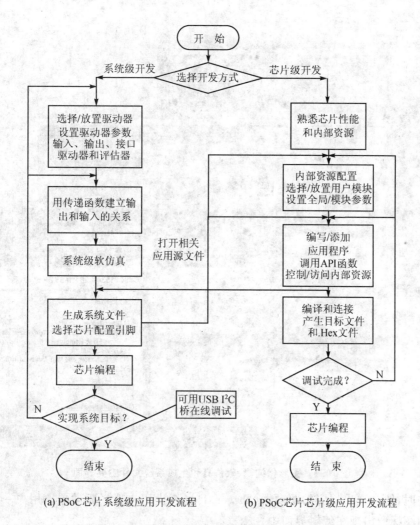

图 10.3 基于 PSoC Designer 5.0 的开发流程

10.2.2 PSoC Express 的开发环境

PSoC Express 的开发环境简洁明了,它有图形化编辑、软仿真和生成系统文件三大主要功能,如图 10.4 所示。

1. 图形化编辑

当打开 PSoC Express,首先进入图形化编辑界面(图 10.4 中 Design 选项夹)。该选项夹左下角有 4 个图标,分别标明输入(INPUT)、输出(OUTPUT)、评估器(VALUATOR)和接口(INTERFACE)。所有的实体图形都来自于这 4 个图标。当拖动输入、输出或接口图标到

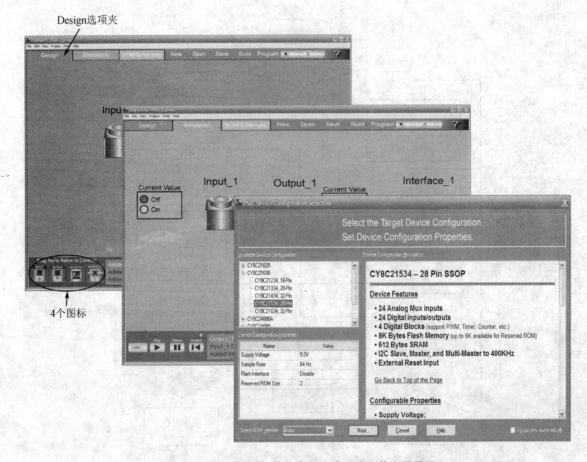

图 10.4 图形化编辑、软仿真和生成系统文件主要界面

编辑界面中时,便会弹出相应的驱动器(Driver)目录树供用户选择驱动器。用户一旦选定,这个驱动器的图标便出现在编辑界面中。

PSoC Express 是一个基于输入和输出的图形化编辑工具,其输入和输出模块库已经包含 230 多个输入和输出模块,在 PSoC Express 中将这些模块称之为驱动器。实际上输入和输出驱动器定义了外部器件与 PSoC 芯片的接口方式。在输入、输出驱动器选择的目录窗口中,一旦某一个驱动器被选中,该驱动器的功能描述、驱动特性、驱动规范和接口原理图就被显示在该窗口的右侧,如图 10.5 所示。

其中输入驱动器现在已有 120 多个,大致可以分成数字信号输入、按键和电位器输入、电压输入、电流输入、电阻输入和传感器输入六大类。有些大类被再分成小类,每一类都包含多个不同型号或范围的输入驱动器。如数字信号输入又被分成普通个别 I/O 口数字输入、多 I/O 口组合数字输入和边沿触发数字输入。这些输入又分别被划分成上拉、下拉和高阻输入;

用 PSoC Express 实施触摸感应按键和滑条

按键和电位器输入不仅包含按键和电位器,也包含开关和键盘输入;电压、电流、电阻输入也被划分成多种输入范围和分辨率,如电压输入的范围有 $0\sim2600$ mV、$0.000\sim5.000$ V、$0.000\sim12.000$ V 和 $0.00\sim31.00$ V 等;传感器输入包括温度、湿度、压力、速度、加速度、流量、光和触摸感应(CapSense)传感器。而每一种传感器大都又可以有多种的型号,如加速度传感器包含有 ADXL103(±1.7 g,X 单轴)、MMA2260D(±1.6 g X 单轴)、MMA1250D(±5 g Z 单轴)、MMA1260D(±1.5 g Z 单轴)、MMA1270D(±2.5 g Z 单轴)、ADXL203(±1.7 g,X、Y 双轴)、ADXL322(±2 g,X、Y 双轴)和 MMA6260D(±1.5 g Z 双轴)等。事实上,这些传感器的输入方式有些是数字的,有些是模拟的,有些是 I^2C 或 SPI 总线方式的。定时作为一种特殊的输入,它提供 4 个驱动器:外部晶振、间隔定时器、实时时钟和外部 WotchDog 定时器。

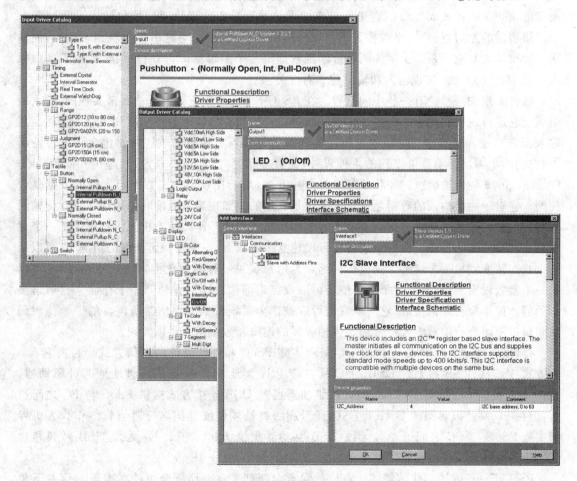

图 10.5 输入、输出和接口驱动器目录树选

输出现在已有数字 I/O 输出、显示驱动、输出扩展器、风扇控制器、PWM 控制、I^2C 器件控

制和电压输出七大类20多个小类近100多个驱动器。如显示驱动又包括LED和LCD的显示驱动。而LED的显示驱动不仅有单色、双色、三色LED、一位的7段数码管和4位带小数点7段数码管，还分别给出了各种LED的阴极和阳极驱动方式等。输出驱动器不单是提供PSoC芯片与外部器件的接口和驱动方式，而且要求用户提供该驱动器的输入。其输入源来自输入驱动器、评估器、接口和输出驱动器自身。输入的方式通过4种传输函数来实现。这4种传输函数分别是：优先编码器、状态编码器、表格对应器和文字编码器。优先编码器提供一种类似C语言的一系列的if…then…else if…then…语句，状态编码器提供一种类似C语言的一系列的if…then…if…then…语句，用户按需要将输入表达式放入if的后面，将输出表达式放入then的后面即可。二者的区别在于前者一旦有条件满足便退出这个函数，后者必须实施所有的语句。表达式支持C语言里所包含的大多数运算符。表格对应器将输入参数列于一个二维表格的左边，而将输出参数置于该表格的顶部，用鼠标拖动输出参数块到表格中，使输入和输出建立对应关系。文字编码器传输函数提供一个编辑窗口，供用户编辑和输入类似标准C语言的子函数来实现输入和输出建立对应关系。

软件实现中通常会有一些中间过程。在PSoC Express中它是由评估器来实现的，输入的值通过它进行逻辑和数字的运算产生中间结果。评估器有传输函数评估器和接口评估器。其输入源来自输入驱动器、接口、输出驱动器和其他评估器。传输函数评估器包含7个传输函数，它们除了输出驱动器里提到的4种以外，还有环状延时(LoopDelay)、状态机和阈值(Set-PointRegin)3种传输函数。环状延时提供一种方法，用于比较当前的数据与先前的数据是否相同。它对于测试输入的数据是否发生变化是有用的。如在测量温度时使用环状延时传输函数可以根据温度是否变化来调整PWM的参数控制风扇的转速。状态机为用户提供了一个建立状态转换机制的方法。在一个项目中可以建立多个状态，在满足一定条件的情况下，可以从一个状态转变到另一个状态。阈值传输函数为用户提供一种图形化的阈值设定途径，它可以为一个参数设定多个阈值，对每个阈值还可以设定迟滞值。接口评估器用于存储来自通信接口的值。如果没有通信接口，它的缺省值可以被作为系统常数。评估器所包含的7个传输函数和接口使用户希望对输入信号实施各种各样的逻辑和数字运算得以实现。

接口(INTERFACE)驱动器用于定义和实施PSoC和外部器件的通信方式。目前它有3种方式：I²C从、USB和无线USB。I²C从有带PIN脚地址和不带PIN脚地址两种驱动器。USB方式提供USB-UART驱动器，该驱动器通过USB连接方式提供PSoC与PC之间通信，但在PC端是以虚拟的UART方式，通过超级终端软件或其他串行通信软件作为人机界面实施PSoC与PC之间通信。无线USB驱动器提供PSoC与2.4G无线USB射频芯片CYRF6936的SPI连接和软件的驱动。

PSoC Express图形化编辑的所有设计元素全部都来自上面所介绍的在编辑界面左下角的输入驱动器、输出驱动器、评估器和接口驱动器。一旦有某一个驱动器和另一个驱动器或评估器建立了输入或输出关系便会有一条红线将它们连接起来。使它们变成一个相互关联的有机的整体。

图形化编辑还包括多目标移动功能以及相同电路的复制与重命名等功能。

2. 软仿真

进入软仿真非常容易,在 PSoC Express 开发环境下单击 Simulation 选项夹即可进入软仿真界面。仿真界面下的设计图形类似于编辑界面下的设计图形,区别在于每个输入驱动器、输出驱动器和评估器的图形旁边多了相应的状态或数值显示图形块。当用户通过输入驱动器的状态或数值显示图形块改变输入状态或输入参数时,输出驱动器和评估器的状态或数值显示图形块中的参数值随即发生相应的变化,通过观察这个变化,用户可以评估和验证他的设计是否实现他所要的结果。

3. 生成系统文件

生成系统文件通过单击 Build 选项夹。

在生成系统文件之前会先弹出选择 PSoC 器件型号窗口,在这个窗口里用户可以选择合适的 PSoC 芯片,并定义 4 个系统参数。这 4 个系统参数分别是供电电压、采样速率、Flash 接口和保留 ROM 尺寸。供电电压有 5 V 和 3.3 V 选择;采样速率表明系统循环的最大速率,它有 64 Hz、8 Hz 和自由运行 3 种速率;Flash 接口用于选择是否访问外部 Flash,它有 3 个选项,分别是禁止、允许和无超时允许。保留 ROM 尺寸用于在 I^2C 通信时,保留 1 或 2 个字节 ROM 作为地址用。

下一步是用户定义引脚。引脚可以由系统自动定义,也可以由用户自行定义。用户定义引脚只要将已经命名的输入输出从现有的引脚拖到希望定义的引脚上即可。有些引脚是成组定义的,如 LCD 显示、LED 显示等,移动其中的一个脚,其他所有的脚都跟着移动。另外有些脚是相对固定的,如 I^2C 的 DATA 和 CLK 一般只能使用 P1.0、P1.1 和 P1.5、P1.7,用户只能选二者之一。

单击 NEXT 按钮,系统文件便全部产生了。用户可以直接看到的有 3 个报告文件:该项目的 BOM 表、该项目的数据表 Datasheet 和该项目的原理图。

BOM 表给出当前项目所用到的所有输入输出元器件,包括有些器件的外围无源元件,方便用户核算成本。数据表包括芯片的引脚定义,接口寄存器的参数排列表及该表的相关说明和每一个输入输出驱动器,接口驱动器和评估器的性能描述,参数设置和传输函数使用的相关内容。原理图反映了每一个输入输出器件与 PSoC 芯片电气连接的接口示意图,它包括串行编程的接口原理图,见图 10.6。

除了 3 个报告文件,系统文件还包括这个项目的 PSoC Designer 项目文件。PSoC Express 向下与 PSoC Designer 完全兼容,任何用 PSoC Express 生成的代码都可以用 PSoC Designer 打开。这样可以方便高级用户用 PSoC Designer 对 PSoC Express 项目做修改或升级,及采用 PSoC Express 和 PSoC Designer 工具使高级与低级设计相结合,同步进行设计。

用于 PSoC 芯片编程用的.hex 也被包括在系统文件中,单击 Program 选项夹立即可以用 CY3210 迷你编程器通过 USB 方式给被选择的芯片编程。

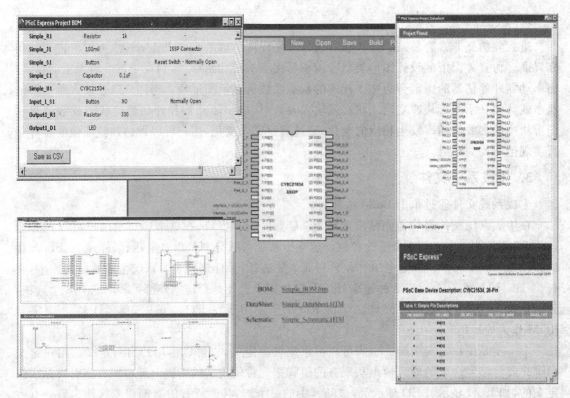

图 10.6　BOM 表、数据表和原理图

10.2.3　实施透明化的触摸感应应用开发

一个用 Monitor 功能实施透明化应用开发的实例是用 PSoC Express 开发并实现触摸感应的项目。在这个项目里,有一个触摸感应按键和一个由 8 个感应块组成的滑条。有无感应按键和手指在滑条上的位置信息被显示在一个 LCD 上。PSoC Express 包含有 3 个高级的电容感应式触摸感应输入驱动器:CSD、CSA 及 CSR。它仅需要一颗 PSoC 芯片加极少的外部无源元件,就可以在一个项目中同时实现多个触摸感应按键和 1 或 2 个滑条的功能。其输入感应器仅仅是在 PCB 板上被连到 PSoC 芯片 I/O 口上的铜箔。

1. 启动并建立一个项目

首先,从输入驱动器库中选择并放置触摸感应按键和滑条驱动器并设置参数。然后,从输出驱动器库中选择并放置 LCD 驱动器并设置参数。还需要从输入驱动器库中选择并放置触摸感应算法模块驱动器,这里选择 CSD 算法,并设置相关参数。最后,从接口驱动器库中选择并放置从 I²C 驱动器。所有模块放置完毕,通过鼠标右键单击输出驱动器 LCD 并选择状态编码器传输函数来建立输入和输出之间的对应关系。如按键,当按键的值等于 1 时,LCD 的第一排显示 Button0;等于 0 时,LCD 的第一排不显示。对滑条,没有手指触摸时,LCD 的第二排显示 0;有手指触摸时,显示手指在滑条在上的位置值。一旦输入和输出之间的对应关系建立好,便有红线将对应的输入和输出连接起来(见图 10.7)。至此,主要的设计任务已经完成。

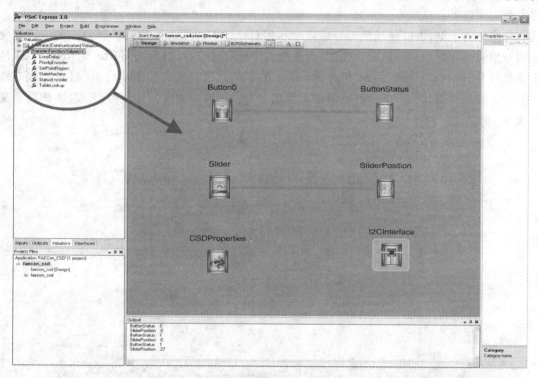

图 10.7 一旦输入和输出之间的对应关系建立好,便有红线将对应的输入和输出连接起来

现在可以用软仿真来评估和验证这个设计是否符号上面的要求。如果正确,就可以通过 Build 来配置引脚和生成系统文件,它包括产生用于编程的十六进制代码,然后启动编程功能,将十六进制代码文件下载到 PSoC 芯片中。

由于触摸感应按键和滑条的灵敏度受 PCB 板材、印刷线路板的布线、感应铜箔的尺寸大小、覆盖物的介质和厚度等诸多因素的影响,所以,对一个具体的应用需要通过反复地调节输入驱动器的参数才能找到合适的灵敏度。在此 Monitor 的作用被充分地体现出来。

2. 启动 Monitor 功能

在启动 Monitor 功能之前,先用 USB 转 I²C 桥将 PC 和应用板上的编程口连接起来。然后单击 Monitor 启动 Monitor 功能。Monitor 功能被启动之后,通过单击 Power Selection,选择供电电压(5 V、3.3 V 和外部供电),可以通过 USB 转 I²C 桥给应用板供电。一旦应用板得到供电,就可以在 PSoC Express 的输出窗口中看到滚动的数据。当从 View 菜单单击 Variables Chart 选项时,一个图形显示画面便显示出来,如图 10.8 所示。这个图形显示画面的右面列出了所有的可以看到的中间变量。当单击 Play 按钮时,所有这些变量值以动态曲线的方式被显示出来。这些曲线不同的颜色对应不同的变量。你可以改变采样的速率,也可以将不需要看的曲线屏蔽掉。

在这个例子里,可以通过观察与感应电容相对应的 RawCount 的值及其他相关值的变化来调节感应键和滑条的灵敏度。比如,当手指触摸感应键时,可以看到 Button0_RawCount 的变化量以及 Button0_RawCount 相对 Baseline 的差值。当它太大或太小时,可以通过改变输入驱动器的参数使其有一个合适的值进而找到一个合适的灵敏度。这使得调试变得即简单又直观。

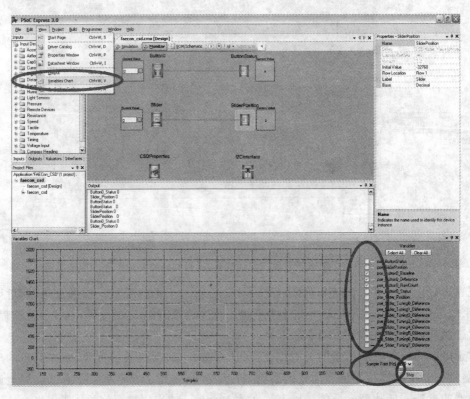

图 10.8 当单击 Play 按钮时,所有这些变量值以动态曲线的方式被显示出来

3. 用 Tuning 进行调试

对有些输入驱动器,PSoC Express 在 Monitor 功能的基础上还增加了 Tuning 的功能。

Tuning 的作用在于不需要每次改变输入驱动器的参数后重新对整个项目进行 Build 和下载代码到芯片中。它可以实施在线调试,即在线改变参数,参数改变以后立即可以看到输出结果的变化。当参数全部调好以后,最后重新对整个项目进行一次 Build 和下载代码到芯片里即可。图 10.9 和图 10.10 是 CSD 模块的感应按键和滑条的 Tuning 窗口界面。它通过在 Monitor 状态,用鼠标右键单击相应的输入驱动器就可以打开它的 Tuning 窗口。从 Tuning 窗口中可以看到对应按键和滑条的所有参数都集中在了窗口的左面,一目了然。窗口的右面以棒图的方式显示感应按键或滑条的 RawCount 的值。上面的一些横线则代表噪声阈值和手指阈值以及手指阈值的正和负的迟滞等参数。对滑条,被计算出来的手指的位置用绿线表示。这种直观明了的调试方式进一步加快了调试的过程并增加了调试的乐趣。

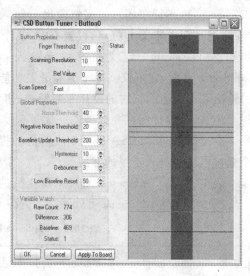

图 10.9 用 Tuning 进行调试按键

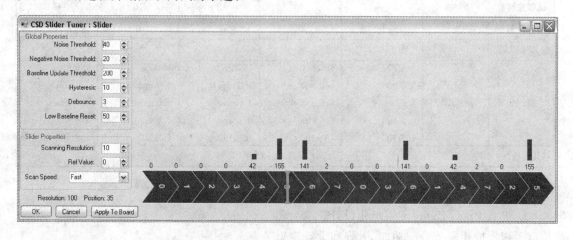

图 10.10 用 Tuning 进行调试滑条

10.3 CapSense Express 实施触摸感应按键和滑条开发

　　PSoC Express 也提供另一种傻瓜型触摸感应按键和滑条的开发方式,它被称之为 CapSense Express。它有点类似于 ASIC 的芯片,将一个集成有 CSA 硬件和软件并简化其他数字和模拟功能块的 PSoC 芯片提供给用户。它使用 CY3240 I^2C USB 桥和基于 PSoC Express 的 CapSense Express 工具软件来开发触摸感应按键和滑条的应用项目。它不需要用户编写程序,也不需要用户去实施输出与输入的传输函数的关系,只需要用户在 CapSense Express 的平台上定义 I/O 口、设置 CSA 几个与灵敏度有关的参数和使用 CapSense Express 提供的逻辑关系图来定义触摸按键输入和输出的关系就可以了。它是一种更加简单的 CapSense 方案,它不仅支持按键和滑条功能,也支持输出 LED 的驱动和 GPIO 口的高低电平的输出和 I^2C 通信。它的设计非常简单,事实上,它就是通过软件工具来配置寄存器,这就使得 CapSense 设计能在几分钟内完成。

由于 CapSense CSA 是一个成熟的触摸感应技术,因此,使用 CapSense Express 设计是一个低成本快速进入市场的方案。

表 10.1 是 CapSense Express 所支持的 PSoC 芯片和它们的一些基本特性。

图 10.11 是 CapSense Express 的开发平台

表 10.1 CapSense Express 所支持的 PSoC 芯片

特 性	CY8C20142	CY8C20140	CY8C20160	CY8C20180	CY8C20110	CY8C201A0
接口	I^2C(从设备)					
电压	2.4~5.25 V					
最多按键数	4	4	6	8	10	10
最多滑条数	0	0	0	0	0	1
最多 LED 数	4	4	6	8	10	10
封 装	8SOIC	16QFN 3.0 mm× 3.0 mm× 0.6 mm 16SOIC	16QFN 3.0 mm× 3.0 mm× 0.6 mm 16SOIC	16QFN 3.0 mm× 3.0 mm× 0.6 mm 16SOIC	16QFN 3.0 mm× 3.0 mm× 0.6 mm 16SOIC	16QFN 3.0 mm× 3.0 mm× 0.6 mm 16SOIC
其他特性	LED 开/关					

CapSense Express 的使用非常简单,它主要分为 3 个步骤:

① 进入 PSoC Express 图形化设计。
② 根据应用需求分配功能、引脚和设置逻辑关系。
③ 调试和运行。

下面根据一个具体的例子来说明它的使用方法。

这个例子使用 Cypress 提供的 CY3218 - CAPEXP1 演示板,这个演示板包含一颗 CY8C20110 芯片,输入为 3 个触摸按键和一个机械按键,输出为 3 个 LED 指示灯,它可以通过 I^2C 总线与外部通信(见图 10.12)。

用 PSoC Express 实施触摸感应按键和滑条 **10**

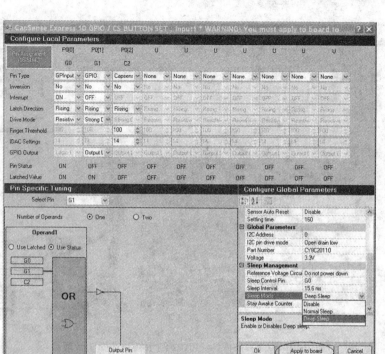

图 10.11 CapSense Express 的开发平台

1. 进入 PSoC Express 图形化设计

在 PSoC Express 里新建一个项目，或者在 PSoC Designer 5.0 里选择系统级设计并新建一个项目，如图 10.12 项目名为 Button。然后，从输入驱动器列表中找到 CapSense Express 并在其子选项夹中选择 10 GPIO/CS Button Set 并打开属性窗口，这时 CapSense Express 的开发平台就弹出来了（见图 10.13）。在初始状态下，从 PSoC Express 的开发平台上部可以看到有 C0~C9 列，表示它有 10 个 I/O 口，最多可以支持 10 个触摸感应按键或触摸感应按键与 GPIO 的组合。在 C0~C9 的下面有共有 8 行，它们分别是引脚的类型、倒置、中断、锁存的方向、驱动方式、手指阈值、IDAC 电流设置和 GPIO 口输出方式。它们的具体含义是：

引脚的类型——它有 6 个选择，分别是 CapSense 输入、一般输入、一般输出、一般输入/输出、PWM 输出和不使用。

倒置——用于定义作为一般的 GPIO 输入、输出信号或 CapSense 输入结果是否需要被反转。

中断——当作为一般的 GPIO 输入时，该输入脚是否需要被作为中断输入脚。它主要用于睡眠的唤醒。

·213·

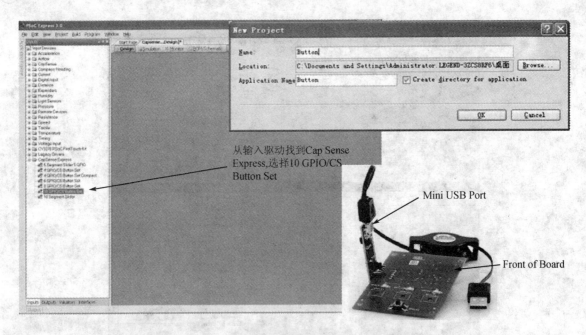

图 10.12　CY3218-CAPEXP1 演示板和选择演示项目

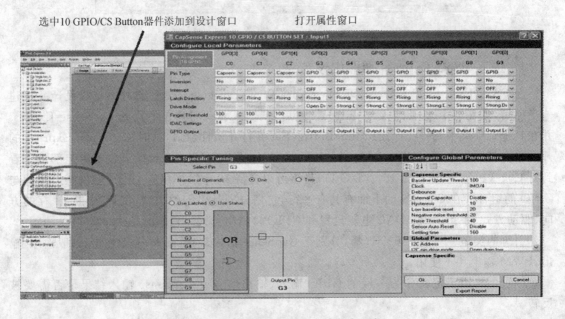

图 10.13　CapSense Express 的开发平台

锁存的方向——有上升沿和下降沿两种方式可选,它适用于 GPIO 输入、输出信号也适用 CapSense 的输入。

驱动方式——有强输出、上拉和开漏级 3 种 GPIO 的驱动方式。

手指阈值——手指触摸的门限值。仅针对触摸感应输入脚。

IDAC 电流设置——IDAC 是设置触摸感应灵敏度的主要参数。它的范围是 1~255。

GPIO 口输出方式——定义该 GPIO 口输出是通过被设置的逻辑关系来输出,还是固定输出逻辑 0 或逻辑 1。

2. 根据应用需求分配功能、引脚和设置逻辑关系

按照演示板可以在引脚的类型这一行中选择 3 个 CapSense 输入(C0,C1,C2)、3 个 GPIO 输出(G3,G4,G5)用作 LED 驱动和一个 GPIO 输入(G6)用作机械按键的输入,如图 10.14 所示。按照功能的需求设置好引脚的类型以后,再根据应用的要求设置每一个引脚对应的倒置、中断、锁存的方向、驱动方式、手指阈值、IDAC 电流设置和 GPIO 口输出方式等定义或参数。其中手指阈值、IDAC 电流可以选择默认值,在调试时再重新设置。

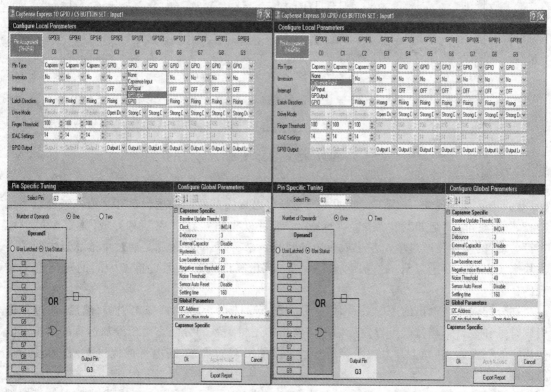

图 10.14 根据应用需求分配功能、引脚和设置逻辑关系

接下来就可以配置具体的引脚,它通过单击 PSoC Express 开发平台左上角的 Pin Assignment,可以弹出如图 10.15 的引脚配置窗口。用鼠标将该窗口右边已经定义好的 7 个小方块按 CY3218-CAPEXP1 演示板的原理图定义,拖到芯片的封装图对应的引脚上。再单击 OK 按钮就完成了。

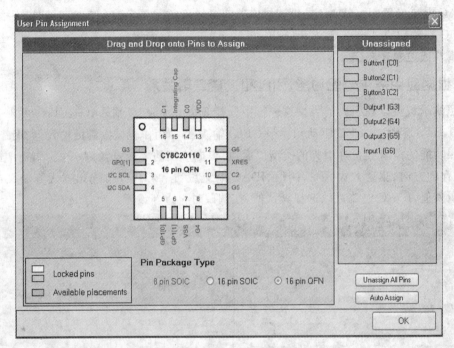

图 10.15　引脚配置窗口

再下来就可以分配逻辑关系。它是通过 PSoC Express 开发平台左下角区域的 Pin Special Turning 来实现的,如图 10.16 所示。它最多可以实施两级的逻辑运算。第一级可以实施"与"、"或"、"非"、"与非"和"或非"运算;第二级可以实施"与"、"或"和"异或"运算。第一级"与"、"或"的切换是通过单击左边或右边的竖长条来实现,"非"运算是通过单击靠近中间的小方块来实现的。而第二级的"与"、"或"和"异或"运算的切换是通过单击中间的矩形框来实现的。

在分配输入与输出的逻辑关系时,首先在图 10.16 的上方选择输出引脚,然后,通过单击引脚符号和逻辑运算符就可以完成输入与输出的逻辑关系的分配。对于参加运算的引脚可以使用它的触发方式(如上升沿或下降沿),也可以使用它的状态(高电平或低电平)作为参加运算的输入。

为了得到如图 10.17 所示的 4 种输入和输出的对应关系,可以按表 10.2 来配置触摸按键和机械按键与 LED 灯的逻辑关系。

用 PSoC Express 实施触摸感应按键和滑条

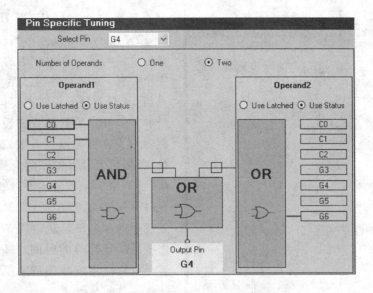

图 10.16　分配输入与输出逻辑关系

图 10.17　4 种输入和输出的对应关系

表 10.2　触摸按键和机械按键与 LED 灯的逻辑关系

输入(触摸和机械按键)	C0 OR G6	(C0 AND C1) OR G6	(C0 AND C1 AND C2) OR G6
输出(LED)	G3	G4	G5

在 CapSense Express 开发平台的右下方是芯片全局参数的配置,如图 10.18 所示。它被划分成 5 类:CapSense 软件滤波选择、CapSense 参数设置、I^2C 参数设置、PWM 参数设置和睡眠设置。

其中,CapSense 软件滤波选择用于对被采样到的原始计数值是否被实施数字平均滤波和

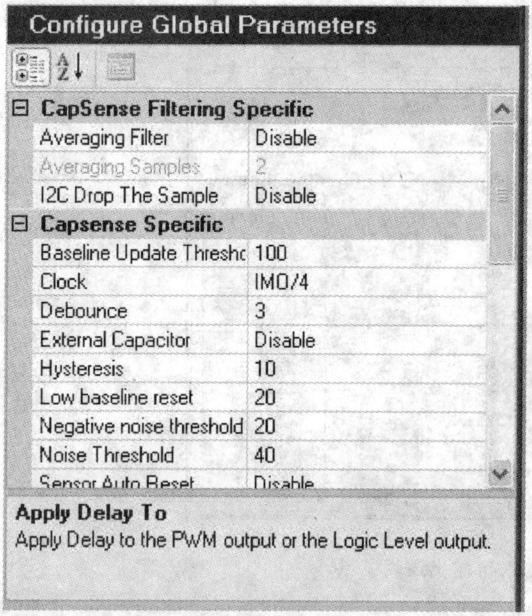

是否丢弃本次采样值,当 I^2C 正好在通信时,被平均的采样数为 2,4,8,16。CapSense 参数设置与第 3 章中介绍的 CSA 参数含义完全一样,可以参考第 3 章中的 CSA 参数介绍。I^2C 参数的设置主要包括 I^2C 从的地址和 I^2C 引脚的驱动方式设置,I^2C 引脚的驱动方式设置可以设开漏级驱动和电阻上拉驱动,后者可以省掉两个外部 I^2C 上拉电阻。PWM 参数设置主要设置 PWM 的占空比,PWM 的输出方式(正常的、单次的、延迟发送的和电平触发)和 PWM 的输出是否需要延时及延时的时间。睡眠设置用于设置是否要使用睡眠来进入低功耗方式和与睡眠有关的参数。

所有配置完成以后就可以将配置应用到目标板上。这时需要用 I^2C - USB 桥将目标板和 PC 机相连,然后用鼠标单击开发

图 10.18　芯片全局参数的配置

平台右下角的 Apply to board 按钮,便弹出图 10.19 的信息框,正常情况下这个配置就通过 I^2C 被下载到目标板上的芯片里,同时该项目的配置文件(.IIC 后缀)也被生成。这时可以通过 I^2C - USB 桥给目标板上电,测试项目是否符合设计的预期。如果触摸感应按键的灵敏度不理想,可以通过 Monitor 功能实施在线调试。

3. 调试和运行

关闭 CapSense Express 开发平台,回到 PSoC Express 平台,单击 Monitor,PSoC Designer5.0 会进入调试界面,单击 图标,然后从目标板电源配置选项里选中 5 V supplied,给 CapSense Express 目标板供电。用手指触摸相应的按键,观察 LED 状态的变化。用光标选中输入驱动器,再右击,会出现 show tuner(见图 10.20),左击后便弹出调试窗口,该窗口与 CapSense Express 平台基本类似,只是原来分配输入与输出的逻辑关系的区域变成了图形化的调试区域,如图 10.21 所示。

再单击 Apply to board 按钮,然后从 Pin specific tuning 下拉框里选中 C0,即会弹出 CapSense 调试工具。并显示 C0 的原始计数值、差值、基本线值和有无触摸的状态值。红色柱状的高度对应 C0 的差值,用手触摸 C0 感应按键可以看到红色柱状的高度会发生变化。当改变 IDAC 的值,可以发现有手指触摸感应按键时红色柱状的最高幅度会变化,减小 IDAC 值可以增加灵敏度。其中的几条横线也与 CSA 模块的一些设置参数相对应。将调试后的参数值

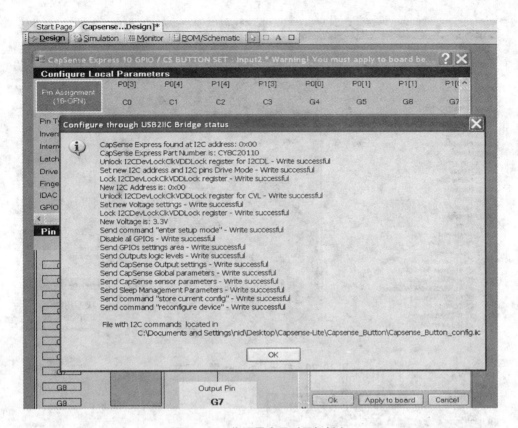

图 10.19　将配置应用到目标板上

直接输入相应的参数框后,单击 Apply to board 按钮可以下载新的参数配置,如图 10.21 所示。

　　通常 CapSense Express 芯片在系统中被作为一个周边芯片实施触摸感应功能,它与主控芯片通过 I^2C 通信并作为 I^2C 从器件。为了生产方便可以使用主控芯片直接配置 CapSense Express 芯片和用外部存储器配置 CapSense Express 芯片两种方式的设计。使用主控芯片直接配置需要将 CapSense Express 工具产生的配置文件(.IIC 文件)嵌入到主控芯片的程序中,并在上电初始化时通过 I^2C 总线将配置文件写入到 CapSense Express 芯片中。而使用外部存储器配置 CapSense Express 芯片,则需要先将配置文件(.IIC 文件)烧写到外部存储器(如 E^2PROM,Flash)中,在系统上电时由主控将配置文件从外部存储器中读出来再写到 CapSense Express 芯片中,如图 10.22 和图 10.23 所示。在主控与 CapSense Express 芯片进行 I^2C 通信时必须注意,CapSense Express 芯片作为 I^2C 从器件在给出应答响应信号 ACK 时可能会有较长的延时,尤其是写某些特殊的寄存器和命令寄存器时,最长的延时可达 106 ms。

触摸感应技术及其应用——基于 CapSense

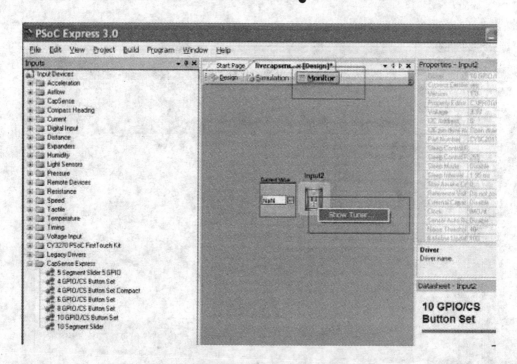

图 10.20　打开 CapSense 调试工具

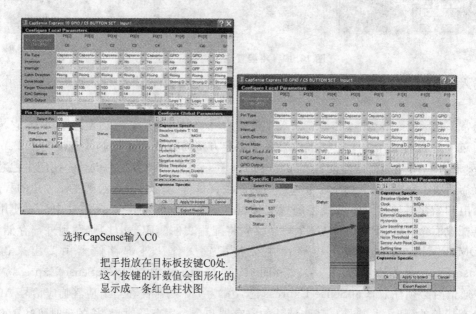

图 10.21　CapSense 调试工具

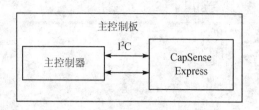

图 10.22　主控芯片直接配置方式

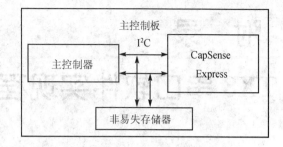

图 10.23　外部存储器配置方式

CapSense Express 芯片也提供低功耗的睡眠模式。在它的参数配置中有正常的睡眠模式和深度的睡眠模式两种可选模式。正常的睡眠模式使用前面提到的空闲方式，扫描、睡眠、扫描……，一次睡眠长度可选 1.95 ms，15.6 ms，125 ms 和 1 s，它对应的功耗大致为 2.3 mA，650 μA，200 μA 和 33 μA。它也可以被 GPIO 口中断唤醒。

深度的睡眠模式不会被周期性地唤醒，它的功耗可以降低到 4 μA，但它必须由 GPIO 口中断唤醒。

如果在 CapSense Express 的开发平台上设置了睡眠方式，为了避免在将配置文件写入到 CapSense Express 芯片的寄存器过程中，芯片很快就进入到了睡眠状态而不能完成整个写入过程，必须设置保持唤醒计数器(stay awake counter)的值在 100～255 的范围里，以保证配置文件被完整地写入到 CapSense Express 芯片的寄存器中以后才能进入睡眠状态。

表 10.3　三类 CapSense 触摸感应方案特点的对比

分类	描述	器件	Flash/SRAM	感应方式	CapSense 特性	另外可配置的模拟/数字资源
CapSense Plus	可编程的触摸感应方案以及附加功能	CY8C24x94	16 KB/1 KB	CSD	46 CapSense I/O, Slider/Matrix	I²C, ADC, DAC, PWM, USB
		CY8C20x66 CY8C20x46	32 KB/2 KB 16 KB/2 KB	CSD, CSA	10～33 CapSense I/O, Slider/Matrix	I²C, 1.8 V, USB, ADC, Low Volt I/O
		CY8C21x34	8 KB/512 B	CSD	8～24 CapSense I/O, Slider/Matrix	I²C, ADC, PWM
CapSense	可编程的触摸方案	CY8C20x34	8 KB/512 B	CSA	10～25 CapSense I/O, Slider/Matrix	I²C, Low Volt I/O
CapSense Express	快速方便的触摸感应方案	CY8C201xx	2 KB/512 B	CSA	≤10 CapSense I/O, Slider	I²C, Low Volt I/O

附 录

TX8 串口软件实现程序

```c
//**********************************************************************
// FILENAME: Tx8.h
//
// DESCRIPTION: headers for Tx8.asm
//**********************************************************************
#include <m8C.h>

#pragma fastcall    TX8_SendByte
#pragma fastcall    TX8_SendHexByte
#pragma fastcall16  TX8_Write

extern void TX8_SendByte(BYTE bData);
extern void TX8_SendHexByte(BYTE bData);
extern void TX8_SendCRLF(void);
extern void TX8_Write(BYTE * szRamString,BYTE bCount);
```

```
;**********************************************************************
;; FILENAME: Tx8.asm
;;
;; DESCRIPTION: routines software Serial Transmitter
;**********************************************************************
include "m8c.inc"
include "memory.inc"
include "PSoCGPIOInt.inc"
include "GlobalParams.inc"

export _TX8_SendByte
export  TX8_SendByte
export _TX8_SendHexByte
export  TX8_SendHexByte
export _TX8_SendCRLF
export  TX8_SendCRLF
export _TX8_Write
```

```
        export  TX8_Write
        macro SetTX
            or      reg[TX_Data_ADDR],TX_MASK
        endm
        macro ClearTX
            and     reg[TX_Data_ADDR],~TX_MASK
        endm
        macro Delay (N)             ; total 15 + 9 * N
            push    X               ; 4
            mov     X,@N            ; 6
            dec     X               ; 4
            jnz     .-1             ; 5
            pop     X               ; 5
        endm
        area    text(ROM,REL)
        .LITERAL
        Digits:     DS      "0123456789ABCDEF"
        .ENDLITERAL
;------------------------------------------------------------------
;       procedure TX8_SendByte(bData)
;       Sends bData via TX pin  (115200 bps at CPU_CLK = 6 MHz or 12 MHz or 24 MHz)
;       Input:      A       - bData
;       Output:     none
;------------------------------------------------------------------
TX8_SendByte:
_TX8_SendByte:
        M8C_DisableGInt
        mov     X,8
IF (CPU_CLOCK_JUST - OSC_CR0_CPU_6MHz)
ELSE
        ClearTX                             ; 9     // Start bit
        swap    A,X                         ; 5
        swap    A,X                         ; 5
        swap    A,X                         ; 5
        swap    A,X                         ; 5
        swap    A,X                         ; 5
        swap    A,X                         ; 5
```

```
        nop                              ; 4
.L0_6:
        rrc     A                        ; 4
        jc      .L1_6                    ; 5
        ClearTX                          ; 9
        jmp     .L11_6                   ; 5
.L1_6:
        SetTX                            ; 9
        jmp     .L11_6                   ; 5
.L11_6:
        nop                              ; 4
        nop                              ; 4
        nop                              ; 4
        nop                              ; 4
        nop                              ; 4
        dec     X                        ; 4
        jnz     .L0_6                    ; 5
        tst     reg[TX_Data_ADDR],TX_MASK ; 9
        SetTX                            ; 9    // Stop bit
        Delay (2)                        ; 33
        swap    A,X                      ; 5
        swap    A,X                      ; 5
ENDIF
IF (CPU_CLOCK_JUST - OSC_CR0_CPU_12MHz)
ELSE
        ClearTX                          ; 9    // Start bit
        Delay (8)                        ; 87
.L0_12:
        rrc     A                        ; 4
        jc      .L1_12                   ; 5
        ClearTX                          ; 9
        jmp     .L11_12                  ; 5
.L1_12:
        SetTX                            ; 9
        jmp     .L11_12                  ; 5
.L11_12:
        Delay (6)                        ; 69
        nop                              ; 4
        dec     X                        ; 4
```

```
            jnz     .L0_12                  ; 5
            nop                             ; 4
            nop                             ; 4
            SetTX                           ; 9 // Stop bit
            Delay (8)                       ; 87
            nop                             ; 4
            nop                             ; 4
ENDIF
    ret
;----------------------------------------------------------------
;   procedure TX8_SendHexByte(bData)
;      Sends HEX representation of bData via TX pin  (115200 bps)
;      Input:     A          - bData
;      Output:    none
;
;----------------------------------------------------------------
TX8_SendHexByte:
_TX8_SendHexByte:
    push    A
    asr     A
    asr     A
    asr     A
    asr     A
    and     A,0x0F
    index   Digits
    call    TX8_SendByte
    pop     A
    and     A,0x0F
    index   Digits
    call    TX8_SendByte
    ret

;----------------------------------------------------------------
;   procedure TX8_SendCRLF
;      Sends
;
;----------------------------------------------------------------
_TX8_SendCRLF:
TX8_SendCRLF:
    mov     A,0x0D                          ; Send CR
```

```
        call    TX8_SendByte
        mov     A,0x0A                          ; Send LF
        call    TX8_SendByte
        ret
;---------------------------------------------------------------
;  FUNCTION NAME: TX8_Write
;
;  DESCRIPTION:
;      Send String of length X to serial port
;  ARGUMENTS:
;      Pointer to String
;      [SP-5] Count of characters to send
;      [SP-4] has MSB of string address
;      [SP-3] has LSB of string address
;  RETURNS:
;      none
;  SIDE EFFECTS:
;      The A and X registers may be modified by this or future implementations
;      of this function.  The same is true for all RAM page pointer registers in
;      the Large Memory Model.  When necessary,it is the calling functions
;      responsibility to perserve their values across calls to fastcall16
;      functions.
;      Currently only the page pointer registers listed below are modified:
;           IDX_PP
CNT_LEN:    equ -5                              ; Length of data to send
STR_MSB:    equ -4                              ; MSB pointer of string
STR_LSB:    equ -3                              ; LSB pointer of string
TX8_Write:
_TX8_Write:
    RAM_PROLOGUE RAM_USE_CLASS_3
    RAM_SETPAGE_IDX2STK
    mov     X,SP
.NextByteLoop:
    mov     A,[X+CNT_LEN]                       ; Get length of string to send
    jz      .End_Write
    dec     [X+CNT_LEN]                         ; Decrement counter
    IF SYSTEM_LARGE_MEMORY_MODEL
    mov     A,[X+STR_MSB]                       ; Load pointer to char to send
    ENDIF
```

```
    mov    X,[X + STR_LSB]              ; Get character to send
    RAM_SETPAGE_IDX A                   ; switch index pages
    mov    A,[X]
    call   TX8_SendByte                 ; Send character to UART
    mov    X,SP
    RAM_SETPAGE_IDX2STK
    inc    [X + STR_LSB]
    jmp    .NextByteLoop
.End_Write:
    RAM_EPILOGUE RAM_USE_CLASS_3
    ret
```

参 考 文 献

[1] 翁小平. 可编程系统在片(PSoC)芯片的设计构架[J]. 世界电子元器件,2006(1).

[2] Jon Pearson For Smoother Embedded Systems Development,Design – Out the Hardware.

[3] Paul Kovitz. 电阻式触摸屏原理[J]. 电子系统设计,2006(1).

[4] 朱明程,李晓滨. PSoC 原理与应用设计[M]. 北京:机械工业出版社,2008.

[5] Microchip mTouch™ 电容式触摸传感按键解决方案. (2008 – 10) http://webcast.ednchina.com.

[6] LDS6040 PureTouch™ Capacitance Touch IC with Integrated. http://www.leadis.com.

[7] VibeTonz® – Ready Haptics Driver and Keypad LED Drivers. http://www.leadis.com.

[8] Electric Field Imaging Device MC30940 datasheet. http://www.freescale.com.

[9] AN44208 CapSense Express™—I²C Communication Timing Analysis. http://www.cypress.com.

[10] AN44209 CapSense Express Power and Sleep Considerations. http://www.cypress.com.

[11] CY8C201xx Register Reference Guide. http://www.cypress.com.

[12] AN2394 CapSense Best Practices. http://www.cypress.com.

[13] AN2397 Design Aids – CapSense Data Viewing Tool. http://www.cypress.com.

[14] AN2403 Signal – to – Noise Ratio Requirement for CapSense Applications. http://www.cypress.com.

[15] AN2292 Layout Guidelines for PSoC™ CapSense™. http://www.cypress.com.

[16] AN2352 Communication – I²C – USB Bridge Usage. http://www.cypress.com.

[17] AN2360 Power Consumption and Sleep Considerations in Capacitive Sensing Applications. http://www.cypress.com.

[18] AN2398 Waterproof Capacitance Sensing. http://www.cypress.com.

[19] AN42137 CapSense™ Express Software Tool. http://www.cypress.com.

[20] Wayne Palmer. 用于电容传感器接口的模拟前端元件[J]. 今日电子,2006(10).

[21] 郑赞. 触摸屏多点触摸技术揭秘[J]. 电子产品世界,2008(11).

[22] 程林. Silicon Labs 电容式触摸感应按键技术原理及应用[J]. 电子产品世界,2009(1).